农业生态实用技术丛书

林菌

共 生 技 术

LINJUN GONGSHENG JISHU

农业农村部农业生态与资源保护总站　组编

胡冬南　张林平　主编

中国农业出版社

北　京

农业生态实用技术丛书
编委会

本书编写人员

主　　编　胡冬南　张林平

参编人员　李　冬　谭雪明　张文元

郭晓敏　丁才明　申　展

序

中共十八大站在历史和全局的战略高度，把生态文明建设纳入中国特色社会主义事业“五位一体”总体布局，提出了创新、协调、绿色、开放、共享的发展理念。习近平总书记指出：“走向生态文明新时代，建设美丽中国，是实现中华民族伟大复兴的中国梦的重要内容。”中共中央、国务院印发的《关于加快推进生态文明建设的意见》和《生态文明体制改革总体方案》，明确提出了要协同推进农业现代化和绿色化。建设生态文明，走绿色发展之路，已经成为现代农业发展的必由之路。

推进农业生态文明建设，是贯彻落实习近平总书记生态文明思想的必然要求。农作物就是绿色生命，农业本身具有“绿色”属性，农业生产过程就是依靠绿色植物的光合固碳功能，把太阳能转化为生物能的绿色过程，现代化的农业必然是生态和谐、资源可持续、环境友好的农业。发展生态农业可以实现粮食安全、资源高效、环境保护协同的可持续发展目标，有效减少温室气体排放，增加碳汇，为美丽中国提供“生态屏障”，为子孙后代留下“绿水青山”。同时，农业生态文明建设也可推进多功能农业的发展，为城市居民提供观光、休闲、体验场所，促进全社会共享农业绿色发展成果。

农业生态文明思想起源于古老的中国，中国自春秋时期就懂得用地养地的道理以及物理杀虫、人工除草等做法。农牧结合、稻田养鱼、桑基鱼塘等农业生态模式在历史上曾经极大推动了文明和经济的发展。当前，我国农业生态文明建设已进入提供更多优质生态产品以满足人民日益增长的优美生态环境需求的攻坚期，也到了有条件、有能力发展环境友好农业的窗口期。多年来，从事农业生态研究的学者和实践者扎根农业生产一线，按“整体、协调、循环、再生”的原则，围绕农业生态文明建设开展了广泛、系统的实践和研究，探索总结出了丰富多样的应用技术。

为推广农业生态技术，推动形成可持续的农业绿色发展模式，从2016年开始，农业农村部农业生态与资源保护总站联合中国农业出版社，组织数十位业内权威专家，从资源节约、污染防治、废弃物循环利用、生态种养、生态景观构建等方面，多角度、多要素、多层次对农业生态实用技术开展梳理、总结和归纳，系统构建了农业生态知识体系，编写形成了《农业生态实用技术丛书》。丛书中的技术实用、文字简洁、步骤详尽、脉络清晰，技术可推广、模式可复制、经验可借鉴，具有很强的指导性和适用性，将为广大农民朋友、农业技术推广人员、管理人员、科研人员开展农业生态文明建设和研究提供很好的参考。

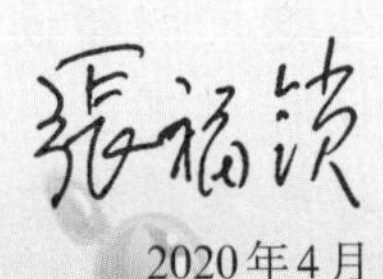

2020年4月

前言

建设生态文明是关系人民福祉、关乎民族未来的大计，是实现中华民族伟大复兴中国梦的重要内容。林业是生态建设和保护的主体，是建设生态文明的主阵地，同时也是林区经济和社会发展的根本。如何协调生态建设与经济发展之间的矛盾，在推进生态文明建设的同时发展林区经济，使绿水青山真正成为“金山银山”，是当前林业发展的重点。特别是广大集体林区，如何利用集体林地实现不砍树能致富，兼顾森林生态效益和经济效益可持续发展，关系到广大林农的切身利益。林下经济产业是以发展非木质资源为主体的产业，包括林菌、林药、林禽、林草、林菜、林粮等。林下经济促进了林业经济发展方式转变，是生态和谐、农民增收、构建社会主义和谐的主要方式，是解决农村经济发展与生态保护矛盾的一条可行路径。

食用菌是一类对人体有益的健康食品，不仅营养价值高，还具有多种功效和较高的药用价值，可以预防人类多种顽疾，集营养性、功能性、美味性、安全性于一身，被营养学家推荐为十大健康食品之一。我国是最早识别、利用食用菌资源的国家之一，复杂多样的森林生态环境孕育了丰富的食用菌资源，同时也为人工栽培食用菌提供了适宜的生长环境，利用林中的水、热、光、气等自然条件构建林菌模式，是解决林下闲置空地、提高林业产出、增加农民收入的有效途径之一。

本书是一本关于林菌共生技术的科普读物，主要阐述了林菌共生基本原理、林菌共生模式的优点及其发展意义与前景、林菌共生模式的类型，分析了我国林菌共生模式发展区划及经济效益，以图文结合的方式展示了我国常见的食用菌栽培品种，详细介绍了林下食用菌栽培技术和食用菌原料林营造与利用技术，并列举了香菇、毛木耳、平菇、双孢蘑菇、竹荪、灵芝等林菌共生栽培技术实例。读者通过本书不仅可了解林业的生产潜力，也可对食用菌栽培技术有深入了解。

在本书的撰写过程中，编委们进行了卓有成效的资料收集与整理工作，书中凝集了众多同行专家学者的智慧和中国农业出版社编辑人员的辛勤汗水，特致谢忱！

胡冬南

2019年6月

目录

一、林菌共生概述

（一）林菌共生基本原理

林菌共生是指林木与菌物生存于同一空间，彼此相互依存、相互利用、相互促进的共生关系。森林生态系统是一个复杂的生命与非生命的有机整体，组成整体的各个部分存在着彼此相互影响、相互制约和相互促进的作用。大多数人工林群落都有极大的空间资源、物质资源、能量资源、时间资源，可以为其他物种、群落的健康生存提供条件。作为相互影响和相互促进的整体，食用菌的加入也会极大地促进乔木树种的健康生长，从而形成共生关系。

目前，人类食用的大多数菌类原生种都是来源于森林，因为林内的温度、湿度、光照、营养等条件比大田和空旷地更加适宜各种菌类的生长，森林是这些菌类赖以生存的最佳生态环境。同时，菌物在森林生态系统中是最主要的分解者，特别是生长在林下枯枝落叶及地表土壤中的菌物，分解凋落物中的纤维素、半纤维素以及木质素，促使生态系统中的养分循环，有利于林木的养分吸收。

（二）林菌共生模式的形成

林菌共生在自然界早就存在，但彼此和谐共处需要适合的生态环境条件，只有当达到一定的生态平衡以后，林菌的生长才会是最佳状态。由于人类生活所需，目前林业生产偏重林木的产出，林内生态环境往往不是林业生产的重点，人们对林内菌物的采集与利用则是无组织、无计划的随意行为，这不仅使林内菌物无经济效益，还会使林内生态平衡受到严重破坏，菌物得不到正常生长与繁殖，林木生长也受到影响。目前，可供人工栽培的菌类已有数十种，这些食用菌的菌源来自森林，而栽培的场所却是大田或空旷地。随着食用菌产业的不断发展，与农争地的矛盾越来越严重，只有寻找和开发新的栽培场地才能克服和缓和这一矛盾。林地空间具有温湿度和荫蔽度适宜、通风效果好、散射光充足等有利于食用菌生长的生态环境条件。充分利用林下郁闭的小环境，人工构建林菌共生模式，将食用菌接种在林内作为森林生态系统碎屑食物链中的消费者，使其成为森林生态系统的主要生物成分，加速森林养分循环，同时，大量的菌渣可作为有机氮肥施于林内，更有利于林木的生长，可实现林菌生产、有机结合。

（三）林菌共生的优点

林菌共生模式是林下经济发展模式的一种，是指根据食用菌喜荫的特征有效利用林下空间和森林资源，进行人工栽培食用菌，提高林地综合利用效率和经营效益，达到经济社会发展与森林资源保护双赢的一种生态经济发展模式。林菌模式是以维护森林的生态系统稳定为前提而进行开发利用，其产品都来自于自然生态系统条件下的仿野生环境栽培，不施药剂和肥料，且远离市区，免遭工业废气和污水的污染，产品的营养成分或药物有效成分均高于大田普通栽培条件下的产品，具有鲜明的自然属性和生态品质优势。相对于传统大棚栽培食用菌，林菌模式还具有节约生产成本、简化生产工序、节省耕地使用面积、可以同时兼顾生态效益和经济效益等优点，是具有良性循环特点的林下经济发展模式之一。发展林下食用菌生产，可以充分利用林地资源，增加林地效益，使农民的利益长短期相结合，实现林菌高效结合与循环利用，这种结合与利用将牵动多个相关行业共同发展，会创造出可观的经济效益、社会效益、生态效益。

（四）发展林菌共生的意义

林菌模式是以林菌资源高效利用、产业效益不断提升和生态环境有效保护为目标，以资源节约和物质循环利用为手段，以市场机制为推动力，实现林业资源利用效率最大化、生态环境有效保护与经济社会协调发展的可持续发展模式。该模式可有效提高森林资源的利用率，增加林地的单位产出，增加林农的收入，达到生态效益和经济效益的双赢，促进高效生态林业的发展。积极探索、研究、发展林菌模式，不仅能延长林业产业链，而且能做大做强林业产业，走出一条林业新路，实现林业的可持续发展。

发展林菌产业化项目，可通过在林下栽培食用菌。由于食用菌吸收氧气，释放大量的二氧化碳，而林木生长需要水、阳光和二氧化碳，放出大量的氧气，在一定的范围内，二氧化碳浓度增高，林木光合作用增强，促进林木生长。因此，林下栽培食用菌具有充分利用土地资源和促进林菌生长的双重作用。林菌高效结合与循环利用使农业有效资源得到高效循环利用，在获得最佳经济效益的同时，实现农业生态的良性循环。林下经济的最大优势在于在发挥森林系统的生态效益的前提下，创造经济效益。林菌模式作为林下经济发展模式的一种，其发挥的生态效益主要体现在两个方面：一是能量的良性循环，减少污染；二是促进林木的生长。林菌模式能量的良性循环体现在栽培基质来源和林菌生产废弃物利用。传统食用菌培养基质来源广，能有效利用农业生产废弃物，减少环境污染，新型培养基质的研发使得废物利用的范畴更加宽广。对林菌废弃物利用是一种良性循环，同时也是一种必然的举措，对废弃物的处理不当会造成严重的环境污染。在促进林木生长方面，主要是通过提高林地肥力和食用菌根系共生的关系来体现。

传统的农业是单一的种植业生产，保留自然经济的特性，其效益十分低下，与工业无法比拟，在现代社会中，也不可能分享到社会平均利润。只有养殖业、加工业和服务业形成一体化经营后，在市场经济条件下，才能实现农业对社会平均利润的共享。林菌模式就是这种产业链延伸的一种实例。林菌模式有助于减轻林业产业的压力，优化环境。就我国而言，林业由于经营周期长，抚育成本高，连续投资三四十年后才可有直接经济效益，加上我国很多贫困地区交通闭塞、教育落后，发展林业全靠“政府输血”，此外林业对市场应变力极差，造成林业的停滞甚至衰退的局势。正因如此，由农户发展单一林业基本不可能，我国农村的集约化程度低、各家各户分散经营的状态也不利于全民参与发展林业。林菌模式可以实现以短（农业）养长（林业）、以林护农，林木或果木到达成熟期，只要管理得当，其比较利益将大大高于单纯的农业、林业。与单纯的菌业、林业相比，林菌模式具有生态效益和经济效益的综合优势。野生食用菌市场前景良好，经济价值高，但野生食用菌的生长对生境要求苛刻，分布上具有地域性，因此在个人增收方面具有不均等的性质。相比其他林业人工生产模式，林菌模式的优势在于投资成本较低、收益较高、周期短。

（五）林下食用菌发展前景

1.食用菌市场潜力巨大

随着人们生活水平的提高，我国食用菌消费量以每年7%以上的速度持续增长。在拥有庞大人口的我国，假设每个家庭每天消费食用菌类300克，那么我国3亿家庭的年消费量就是3 285万吨，所以说我国的市场潜力十分巨大。

2.可实现环境经济双赢

食用菌可循环利用的可持续发展特性非常符合我国国情和国家长远发展战略的需要，在我国人口众多、耕地资源有限、水资源紧缺、农村废弃资源和林地资源丰富的形势下，发展林下食用菌栽培，可不与人争粮、不与粮争地，有利于克服传统粗放经营对生态环境资源的污染和损害，促进农村经济和循环经济的健康持续发展，实现环境保护与经济发展的双赢。

3.政府政策扶持

在国家精准扶贫及发展循环经济、绿色生态农业、林下经济及现代农业等相关政策的刺激下，各级行政、财政部门加大了对食用菌产业的扶持力度，推动了部分地区扩大栽培面积，食用菌总产量有所增加。随着国家不断出台农产品加工扶持政策，食用菌深加工成为了行业发展的新增长点，也推动了产品附加值的增加和产业链的延伸发展。

（六）林菌共生模式类型

森林生态系统中最主要的分解者是菌类，它可以分解林下枯枝落叶等，促使生态系统中的养分循环，有利于林木养分吸收，同时树木把光合作用合成的碳水化合物提供给菌类，作为其生长的养料，林与菌之间形成互惠互利的共生模式。根据分类标准不同，可以把林菌共生模式分成不同类型。

1.根据食用菌营养方式分类

根据食用菌的营养方式，可把林菌共生模式分为腐生性食用菌林菌共生模式、共生性食用菌林菌共生模式。腐生性食用菌的营养主要来源于死亡的有机物，所以易于驯化栽培成功。共生性食用菌主要是指外生菌根性食用菌，其菌丝与植物根部结合成菌根，因而又称菌根性食用菌，这类食用菌与植物体形成共生互惠的关系，相互提供所需营养，真菌需依靠植物所提供的营养物质才能完成其生活史。

(1) 腐生性食用菌林菌共生模式。许多食用菌为腐生性食用菌，其主要特征是通过侵袭死的植物体，分解其中的有机物质来获得营养。腐生性食用菌所需的营养全部来源于植物体本身，主要靠分解死亡植物体中的纤维素、半纤维素、木质素、淀粉、糖及少量的氮源来获取构成菌体结构所需要的营养物质。腐生性食用菌的种类主要有侧耳科、木耳科、银耳科、鬼伞科、粪锈伞科、蘑菇科、多孔菌科及球盖菇科的一些种。因腐生性食用菌的组织较易分离、产生出菌丝或培养出子实体，目前应用于林菌模式中栽培的品种多数属于此类。

腐生性食用菌需水较多，栽培劳动强度较大，费时较多，因此用于栽培腐生性食用菌的林地应尽量靠近清洁水源，且地势平坦、交通便捷、林道完善。此外，腐生性食用菌栽培的多个环节中，只有出菇、采收环节在林下进行，因此森林只是一个阶段性寄居场所。从资源需求模式来看，腐生性食用菌栽培对木材资源是单向需求关系。

（2）共生性食用菌林菌共生模式。共生性食用菌又称菌根性食用菌，是指与松科、壳斗科等植物共生且具有菌根结构和特性的食用菌。共生性食用菌必须与树木共生才能正常生长、完成生活史；反过来，共生性食用菌也能帮助树木活体吸收土壤中的营养，促进其生长，并提高树木免疫力，增强抗逆性。共生性食用菌生活习性完全不同于以消耗木材资源为代价的腐生性食用菌（如香菇、木耳等）。此类食用菌包括许多经济价值很高的种类，如著名的黑孢块菌、松口蘑、美味牛肝菌、红汁乳菇、松乳菇、血红铆钉菇、鸡油菌等，它们以纯天然的风味和营养特色，成为高档农产品市场的佼佼者。新西兰、法国、意大利等国均将共生性食用菌产业当做替代利润一般的传统农业的新型生态产业。

2.根据栽培食用菌所利用的森林资源分类

林菌共生，自然状态下是在林内发生，但人工栽培既可在林内进行，也可把森林资源带离林地利用。根据栽培食用菌所利用的森林资源不同，可将林菌模式分为林菌循环经济模式和林菌间作模式。

（1）林菌循环经济模式。是指以森林废弃资源（枝条、果壳等）作为部分营养来源，加工制作成食用菌菌棒，生产食用菌后的菌渣返回林地的栽培模式。该模式可以直接在林地实施，即仿野生栽培，也可以在林外集中生产，即人工栽培。

（2）林菌间作模式。林菌间作又称林农复合经营，是指利用林中空地生产食用菌的一种模式。该模式可提高土地利用率，一地多用，且能改良林下土壤的营养状况，增加生物多样性，获得生态和经济上的多项收益。林菌间作模式具有成本低、产量高、质量好、出菇和采菇期限长、操作简便、收益可观等优势。

二、林菌共生模式发展区划及食用菌栽培品种

（一）我国林菌共生模式发展区划

我国面积广袤，地形气候复杂，植被类型、社会经济也不相同，这也使得各个地区林菌发展条件不同，因而根据不同的发展条件进行林菌的布局也非常重要，全国已经有20个省份出台了相关政策，12个省份编制了规划。根据我国植被区划、全国主体功能区划、全国林业发展区划，全国分为5个林菌共生模式发展区域，分别是东北菌根性食用菌发展区、华北腐生性食用菌发展区、南方菌根性食用菌发展区、云贵高原菌根性食用菌保护促产发展区、青藏高原菌根性食用菌保护促产发展区。

1.东北菌根性食用菌发展区

东北菌根性食用菌发展区包括内蒙古、黑龙江、吉林、辽宁4个省份，该地区植被类型主要为温带针

阔叶混交林，森林资源丰富，极其有利于林菌发展。该区域主要发展方向是保护野生林菌资源，加强资源可持续利用，重在保护，运用现代科技，大力发展食用菌种植，形成产业优势。

2.华北腐生性食用菌发展区

华北腐生性食用菌发展区包括辽宁、北京、天津、河北、山东、山西、陕西、河南、宁夏、甘肃、江苏、安徽12个省份，植被类型为暖温带落叶阔叶林，虽然该地区人口众多、森林资源有限，但是基础设施齐全，经济发展水平较高，对食用菌需求量很大。该区域主要发展方向是充分利用当地林地和秸秆等资源，运用现代科学技术大力发展腐生性食用菌种植，强化综合利用，加强林业产品的供给侧结构性改革，提高经济效益。可充分利用当地基础建设，加强流通体系建设，扩大对外贸易，为林菌产业提供动力。

3.南方菌根性食用菌发展区

南方菌根性食用菌发展区包括甘肃、陕西、河南、安徽、江苏、上海、四川、重庆、湖北、浙江、贵州、湖南、江西、福建、云南、广西、广东、海南18个省份。该区域植被类型为热带季雨林、雨林和亚热带常绿阔叶林、针阔混交林等，植被丰富，气候温和。该区域盛产牛肝菌、红菇、松乳菇等菌根性食用菌以及竹荪、羊肚菌、香菇、木耳等腐生性食用菌，品种丰富。但是，地区发展水平不均衡，西南地区的多个省份交通欠发达，而东部省份则相反，是林菌产品重要的消费区域。

该地区发展方向，一是加强野生资源的保护。此区域野生资源破坏严重，除了加强人工栽培之外，还应颁布实施保护管理措施，加强保护。二是利用科技创新，加强林菌种植基地的建设，加快优良菌种的选择，扩大林菌产品的综合利用。三是加强落后地区的基础设施建设和流通体系的建设，为林菌产业发展提供良好的基础设施环境。

4.云贵高原菌根性食用菌保护促产发展区

云贵高原菌根性食用菌保护促产发展区包括云南、贵州和四川3个省份。此区域植被类型为亚热带针叶林。其菌类品种极其丰富，多达600余种，占全国菌类品种的2/3，占世界菌类品种的1/3。该区域经济发展较落后，但是占据重要的交通地位，是我国连接东南亚和南亚的重要国际通道，是东盟自由贸易区的前沿，具有很大的发展潜力。

此区域发展方向，一是加强野生资源的保护力度。加强森林资源的保护，为林菌的生长提供良好的森林环境条件。二是加强林下菌类科学种植技术研发和推广，提高菌类生产的效率，降低菌类生产成本。三是集中力量，利用好丰富的菌类品种，做好市场营销，打造品牌产品，加强产品综合利用。

5.青藏高原菌根性食用菌保护促产发展区

青藏高原菌根性食用菌保护促产发展区包括西藏、青海、新疆、甘肃4个省份，植被类型为暗针叶林。该区域经济发展比较落后，人少地广，土地资源、森林资源和菌类资源非常丰富，但是生产经营粗放，交通欠发达。该区域发展方向为以保护和合理开发为主，特别是高原特有的一些菌根性食用菌保护工作应放在首位，同时与内地科研部门合作，加大人才引进，共同开发林菌资源。

（二）食用菌栽培品种

我国是认识和利用食用菌、药用菌最早的国家之一，同时也是进行林下种植历史较早的国家。在可持续发展理念的指导下，充分利用森林资源和林地空间，开展食用菌、药用菌的保护利用及林下人工种植，不仅提高林地综合利用效率和经营效益，还达到了经济社会发展与森林资源保护的目的。全国现已发展的食用菌栽培品种40多个，主要为松口蘑、牛肝菌、红椎菌、松乳菇、羊肚菌、竹荪、木耳、香菇、鸡腿菇（毛头鬼伞）、双孢蘑菇、金针菇、杏鲍菇、平菇等。现将林地常见及有重要用途的食用菌、药用菌介绍如下。

1.灵芝

灵芝[*Ganoderma lucidum*（Leyss. ex Fr.）Karst.]又

名赤芝、红芝、丹芝、瑞草、木灵芝、菌灵芝、万年蕈等（图1），贵州、黑龙江、吉林、山东、湖南、安徽、江西、福建、广东、广西、河北等省份均有分布。菌体一般为一年生，少数为多年生，木栓质或木质，个别种硬革质，由于生长条件和种性的差异，其形状、颜色有很大差异，赤芝和紫芝是我国分布较广、医药价值较大的灵芝种类。灵芝外形呈伞状，菌盖肾形、半圆形或近圆形，有漆样的光泽，具有同心环纹、环沟、环带，或呈放射状纵皱，菌柄有光泽。灵芝具有补气安神、止咳平喘的功效，用于治疗眩晕不眠、心悸气短、虚劳咳喘。我国灵芝生产主要采用段木栽培和袋料栽培两种模式。灵芝又称林中灵，以林中生长的为最佳，药效最高，目前也有人工大棚种植，主要生长在较湿润的地方。

图1　灵　芝

2.竹荪

竹荪［*Dictyophora indusiate* (Vent. ex Pers.)Fisch.］，又名竹参、面纱菌、网纱菌、竹姑娘、僧竺蕈等（图2）。竹荪主要分布于我国的福建、云南、四川、贵州、湖北、安徽、江苏、浙江、广西、海南等地，其中以福建三明、南平以及云南昭通、贵州织金、四川长宁的竹荪最为闻名。竹荪寄生在枯竹根部，它有深绿色的菌帽、雪白色圆柱状的菌柄、粉红色的蛋形菌托，在菌柄顶端有一围细致洁白的网状裙从菌盖向下铺开，因此竹荪被人们称为“雪裙仙子”“山珍之花”“真菌之花”“菌中皇后”。竹荪营养丰富、香味浓郁、滋味鲜美，自古就列为“草八珍”之一。竹荪分长裙竹荪和短裙竹荪，长裙竹荪多产于高温、高湿地区，而短

图2　长裙竹荪

裙竹荪则多长在温暖、湿润的环境。目前用于人工栽培形成商品化生产的竹荪品种有长裙竹荪（图2）、短裙竹荪、红托竹荪、棘托长荪，可进行粮果间套栽培。

3.大球盖菇

大球盖菇（*Stropharia rugosoannulata*）又名皱环球盖菇、皱球盖菇、酒红球盖菇（图3）。我国野生大球盖菇分布于云南、四川、西藏、吉林等地。大球盖菇菌体单生、丛生或群生，中等至较大。菌盖近半球形，肉质，表面光滑或有纤毛状鳞片，湿润时表面稍有黏性，干后表面有光泽。大球盖菇是食用菌中的后起之秀，是国际食用菌交易市场上的十大菇类之一，

图3　大球盖菇

也是联合国粮食及农业组织（FAO）向发展中国家推荐栽培的蕈菌之一。大球盖菇还具有预防冠心病、助消化、疏解人体精神疲劳的功效。大球盖菇从春至秋生于林中、林缘的草地上或路旁、园地、垃圾场、木屑堆或牧场的牛马粪堆上。在欧洲国家，如波兰、德国、荷兰、捷克等均有栽培。在福建人工栽培大球盖菇，除了7～9月未见出菇外，其他月份均可出菇，但以10月下旬至12月初和3～4月上旬出菇较多，生长较快。大球盖菇可常年在柑橘、板栗等果园进行立体套种。为了使大球盖菇和树木形成一个组合得当、结构合理、经济效益显著的立体栽培模式，还必须综合考虑不同品种的采收期。

4.金福菇

金福菇（*Tricholomal obayensc* Heim）又名巨大口蘑、大白口蘑、洛巴伊口蘑（图4），是生长在热带地区的一种真菌，在我国自然分布于福建、广东、广西、云南、海南、台湾等华南热带、亚热带地区。金福菇菌体丛生或簇生，形大，菌盖平展光滑，呈半球形，菌肉白色或乳白色，菌柄上小下大，呈长棒状。金福菇是珍稀的食用菌新品种，其子实体肥厚脆嫩，味微甜而鲜美，耐贮性好，适于鲜销与干制加工，深受市场青睐。金福菇营养丰富，据分析每100克干品中含有蛋白质27.56%、粗脂肪9.58%、糖38.44%、粗纤维8.20%，具有提高免疫力和抗肿瘤功效。在我国南方及台湾地区均有小面积栽培金福菇，可在果园等

图4　金福菇

林地仿野生套种栽培。最近有关食用菌专家指出，金福菇将会发展成我国食用菌的主导产品。国外有关专家也认为，在热带、亚热带地区，金福菇的商业性栽培有光明的前景。

5.口蘑

口蘑（*Tricholoma mongolicum* Imai）又名白蘑、白蘑菇、蒙古口蘑、察干蘑菇、乌勒砂等（图5），是一类产于内蒙古、河北、辽宁、吉林、山西、甘肃等地草原的食用菌。菇体肉质，菌蕾幼时圆形、白色、光滑，状如珍珠，后平展。菌肉白色，菌褶白色稠密，长短不齐。菌柄圆柱形，白色，基部膨大，成臼形。口蘑一般生长在有羊骨或羊粪的地方，味道异常鲜美，由于其产量不大，但需求量大，所以价格昂贵。口蘑具有宣肺解表、益气安神的功效，用于治疗

图5 口 蘑

小儿麻疹、心神不安、失眠等症状。口蘑是一种低中温型食用菌，目前还没有大规模人工培养，其培养方法和双孢蘑菇基本相同。

6.毛木耳

毛木耳[*Auricularia polytricha*（Mont.）Sacc.]又名构耳、粗木耳、黄背木耳、白背木耳、厚木耳、猪耳、土木耳等（图6），生于热带、亚热带地区，为世界广泛分布的菌类，我国南北各地均有分布。在温暖、潮湿季节，毛木耳丛生于柳树、洋槐、桑树等多种树干上或腐木上。与黑木耳相比，毛木耳耳片大、厚，质地粗韧，且抗逆性强，易栽培。毛木耳子实体胶质，耳形成不规则形，有明显基部，无柄，基部稍皱，新鲜时软，干后收缩。其营养成分与黑木耳相似，具有清肺益气、止痛活血的功效。毛木耳粗纤维含量较高，这些纤维素对人体内许多营养物质的消化、吸收和代谢有很好的促进作用。另外，在耳背的绒毛中含有丰富的多糖类抗癌物质。毛木耳脆嫩可口，似海蜇皮，可以凉拌、清炒、煲汤，深受消费者的喜爱。毛木耳属中温偏高型菌类，国内已广泛栽培，我国是世界上最大的毛木耳生产和出口国。

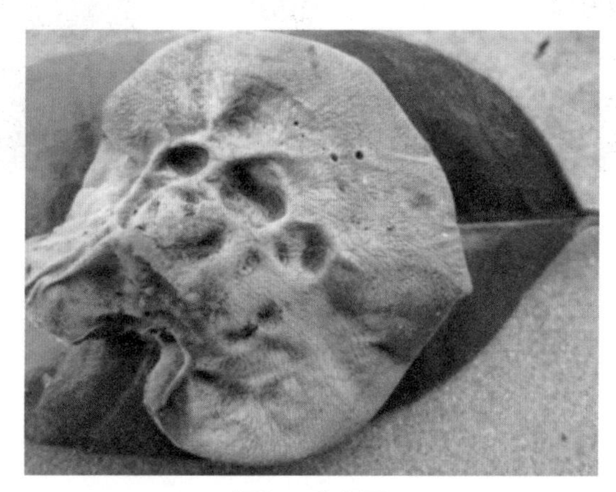

图6　毛木耳

7.黑木耳

黑木耳［*Auricularia auricula* (L. ex Hook.) Underw.］又名红木耳、光木耳、云耳、木耳菇、川耳、黑菜等（图7），广泛分布在热带、亚热带、温带地区。黑木耳生长于栎、杨、榕、槐等120多种阔叶树的腐木上，单生或群生。菌体耳状、叶状或杯状，质薄，边缘波浪状，以侧生的短柄或狭细的附着部固着于基质上。黑木耳黑褐色，质地柔软呈胶质，薄而有弹性，湿润时半透明，干燥时收缩变脆硬，近似革质。黑木耳味道鲜美，营养丰富。黑木耳味甘、性平，具有很多药用功效，能益气强身，有活血效能，并可防治缺铁性贫血等；可养血驻颜，令肌肤红润，容光焕发。黑木耳是我国最早开始人工栽培的食用菌，根据黑木耳的生长采收季节可分为春木耳、伏木耳和秋木耳。春季和秋季的气温比黑木耳生长的适宜温度略低，空气相对湿度较低，黑木耳的生长速度慢，肉质较厚，质量好；夏季，特别是进入伏天，气温比较高，空气相对湿度大，木耳的生长速度快，肉质比较薄，质量稍差。可利用空地、果园行间、林间等场地进行栽培。

图7　黑木耳

8.大杯蕈

大杯蕈（*Clitocybe maxima*）又名大杯伞、大漏斗菌，俗名猪肚菇、笋菇（福建）、红银盘（山西）

(图8)，在我国东北、华北、长江流域及沿海一带均有野生分布。大杯蕈是一种较常见的野生食用菌，成群地生长在林中地上，被产区人民采集食用。菌体中大型，群生或单生，浅漏斗状。菌盖棕黄色至黄白色，菌肉白色，菌柄中生。因其风味独特，有似竹笋般的清脆、猪肚般的滑腻，因而被称之为笋菇和猪肚菇。大杯蕈的子实体具清脆、爽嫩、鲜美的口感，其蛋白质含量与金针菇等相当。大杯蕈由江西省金山食用菌研究所驯化栽培成功。大杯蕈属于高温出菇的菇类，子实体形成不需温差刺激，这是大杯蕈与其他食用菌最大不同之处，是一种很有发展前景的夏秋季栽培食用菌。

图8　大杯蕈

9.平菇

平菇[*Pleurotus ostreatus*（Jacq. ex Fr.）Quel.]又名糙皮侧耳、侧耳、北风菌、冻菌等（图9)，是世界

性分布的菌类，在我国所有省份都有分布。菇体常丛生或覆瓦状叠生，外形、颜色等因品种和环境条件不同而有差异，但其基本结构是一样的。平菇是种相当常见的灰色食用菇，中医认为平菇性温、味甘，具有祛风散寒、舒筋活络的功效，用于治疗腰腿疼痛、手足麻木、筋络不通等病征。平菇中的蛋白多糖体对癌细胞有很强的抑制作用，能增强机体免疫功能。平菇是栽培广泛的食用菌，人工栽培时常用阔叶树段木和锯木屑作为栽培料，在我国又用秸秆（大麦秸、小麦秸）、玉米芯、花生壳、棉籽壳等作为培养料，再适当搭配饼肥、过磷酸钙、石灰等补给氮素和其他元素，能促使平菇很好地发育生长。平菇与植物以不同方式轮作套种的栽培模式，为平菇大面积生产开辟了新途径。

图9 平 菇

10.鸡腿菇

鸡腿菇[*Coprinus comatus*（Müell. ex Fr.）Gray]学名毛头鬼伞（图10），在我国云南、福建、黑龙江、吉林、河北、山东、山西、内蒙古等大部分地区均有分布。菇体单生、丛生或群生，菌盖和菌柄连接紧密，形如鸡腿，因其肉质、肉味似鸡丝而得名。鸡腿菇营养丰富、味道鲜美，口感极好，经常食用有助于增进食欲、促进消化、增强人体免疫力。鸡腿菇还是一种药用菌，味甘性平，有益脾胃、清心安神、治痔等功效。鸡腿菇是近年来人工开发的具有商业潜力的珍稀菌品，被誉为“菌中新秀”，我国于20世纪80年代人工栽培成功。由于鸡腿菇生长周期短、生物转化率较高、易于栽培，特别适合我国农村地区种植。近年来鸡腿菇种植规模迅猛扩大，已成为我国大宗栽培的食用菌之一，可采取林间栽培模式。

图10　鸡腿菇

11.双孢蘑菇

双孢蘑菇[*Agaricus bisporus*（Lange）Sing.]又名蘑菇、洋蘑菇、白蘑菇等（图11）。双孢蘑菇广泛分布于欧洲、北美、亚洲的温带地区，我国的华南、华东、华中、东北、西北等地均有分布。双孢蘑菇生长速度中偏快，菇体多单生，白色、无鳞片，菌盖厚、不易开伞，菌柄中粗较直短，组织结实，为最常见的食用菌种之一。双孢蘑菇的菌肉肥嫩，由于它的营养比一般蔬菜高，所以有“植物肉”之称。双孢蘑菇不仅是一种味道鲜美、营养齐全的菇类蔬菜，而且是具有保健作用的健康食品。现代医学表明，双孢蘑菇对病毒性疾病有一定的免疫作用，其所含的蘑菇多糖具有一定的抗癌活性，能抑制肿瘤的发生、发展。双孢蘑菇人工栽培约始于17世纪的法国等地，现在已经在世界各地广泛栽培。我国人工栽培在1935年开

图11　双孢蘑菇

始试种，多在安徽、江苏、山东、河南、河北及南方的一些省份。双孢蘑菇属草腐菌，中低温型菇类，我国稻草、麦草丰富，气候比较适合双孢蘑菇的生长，具有很大发展潜力。很多国家都栽培双孢蘑菇，其中我国总产量占第二位，我国双孢蘑菇罐头在国际贸易量中占首位。我国栽培的品种有AS2796、AS3303、浙农1号等。可在杨树或果树林下、蔗田、菜园或山坡上栽培。

12.香菇

香菇[*Lentinus edodes*（Berk.）Sing.]又名花蕈、茶花、冬菰、厚菇、花菇等（图12），我国山东、河南、浙江、福建、台湾、广东、广西、安徽、湖南、湖北、江西、四川、贵州、云南、陕西、甘肃、吉林、辽宁等地都有分布。香菇单生、丛生或群生，中等大小。菌盖表面浅褐色、深褐色至深肉桂色，中部往往有深色鳞片，而边缘常有污白色毛状或絮状鳞片。香菇性寒、味微苦，有利肝益胃的功效。我国古代学者早已发现香菇类食品有提高脑细胞功能的作用，如《神农本草》中就有服饵菌类可以“增智慧”“益智开心”的记载。现代医学认为，香菇的“增智慧”作用在于其含有丰富的精氨酸和赖氨酸，经常食用可健体益智。鲜香菇脱水即成干香菇，便于运输保存，是一宗重要的南北货。香菇栽培始源于我国，至今已有800年以上的历史。至1989年，我国香菇总产首次超过日本，一跃成为世界香菇生产第一大国。香菇是低温和变温结实性的菇类，可在林区内选择空旷平地进行栽培。

图12 香 菇

13.羊肚菌

羊肚菌[*Morchella esculenta*（L.）Pers.]又称羊肚菜、羊肚蘑、草笠菌等（图13），分布于我国河南、陕西、甘肃、青海、西藏、新疆、四川、山西、吉林等地。羊肚菌于1818年被发现，因上部呈褶皱网状，菌盖表面凹凸不平，既像蜂巢，也像羊肚，因而得名。羊肚菌是最著名的食用菌之一，其菌盖部分含有异亮氨酸、亮氨酸、赖氨酸、蛋氨酸、苯丙氨酸、苏氨酸和缬氨酸7种人体必需的氨基酸，甘寒无毒，具有益肠胃、化痰理气的功效，是一种珍贵的食用菌和药用菌。目前市场上销售的羊肚菌产品基本都来自野生，商品化生产进展缓慢。羊肚菌是一种低温型菌类，大多在10～11月栽培。

图13 羊肚菌

14.杏鲍菇

杏鲍菇[*Pleurotus eryngii*（DC. ex Fr.）Quél.]又名刺芹侧耳、杏仁鲍鱼菇、血茸、干贝菇等（图14），我国新疆和四川西部等地的高山、草原和沙漠地带均有分布。杏鲍菇菇体单生或丛生，菇体较大，菌盖肥厚，初期半球形，后渐展开，菌盖边缘上翘，黄白色或浅黄色，表面有绒毛。菌柄多偏生，棍棒状或保龄球状。杏鲍菇质地脆嫩，特别是菌柄组织致密、结实、乳白，可全部食用，且菌柄比菌盖更脆滑、爽口，杏鲍菇具有杏仁香味和如鲍鱼的口感，深得人们的喜爱。杏鲍菇是近年来开发栽培成功的集食用、药用于一体的珍稀食用菌新品种，具有降血脂、降胆固

图14　杏鲍菇

醇、促进胃肠消化、增强机体免疫力、防止心血管病等功效，深受人们喜爱。杏鲍菇属低温型菌株，从播种到出菇需50 ～ 60天，长江流域可安排10 ～ 11月制栽培袋，11月至翌年1月出菇，其他地区可适当提前或延后。可在林地小拱棚内种植杏鲍菇。

15.干巴革菌

干巴革菌（*Thelephora ganbajun* Zang）又名干巴菌、牛牙齿菌、干巴草菌等（图15），主要分布在滇中高原，主产地为云南昆明、玉溪、曲靖、楚雄、思茅、丽江、保山、大理，此外在贵州西部、四川南部以及湖南、湖北的局部地区有少量分布。干巴革菌没有菌盖和菌褶，簇生如牛牙状，故俗称牛牙齿菌，又因其刚出土时呈黄褐色，老熟时变成黑褐色，而且有一股酷似腌牛肉干的浓郁香味，故得名干巴菌。干巴革菌含有抗氧化物质，能清除人体内的自由基，具有延缓衰老的功效；其含有多种微量元素能让人体强壮和病体康复，核苷酸、多糖等物质有助于降低胆固醇、调节血脂、提高免疫力等。干巴革菌产于七八月雨季，至今仍未实现人工养殖，它生长在滇中及滇西及鄂西北的山林松树间。

图15　干巴革菌

16.青头菌

青头菌[*Russula virescens*（Schaeff.）Fr.]又名变绿红菇、青冈菌、绿豆菌（图16），云南、广西、湖南有分布。青头菌主产于云南滇西“三江并流”区原始森林地带，生长环境极其纯净，主要生长在树林中的草丛里，每年6~9月出菇，生长在松树或针叶林、阔叶林或混交林地，每年夏秋季为生长期，雨后产量多。青头菌均以成对形式出现，深林中只要发现一朵，在不超出一米范围内必定能发现另一朵，菌体中等至稍大。菌盖初球形，本身具有与青草一般的保护色，不容易被发现，菌盖很快变扁半球形并渐伸展，中部常稍下凹，不黏，浅绿色至灰绿色，表皮往往斑状龟裂，老时边缘有条纹。菌肉白色，菌褶白色，较密。青头菌气味甘甜，微酸，无毒，主治眼目不明，能泻肝经之火，散热舒气，妇人气郁，服之最良，对急躁、忧虑、抑郁、痴呆症等病症有很好的抑制作用。目前还不能人工种植青头菌。

图16　青头菌

17.松口蘑

松口蘑[*Tricholoma matsutake*（S.Ito & Imai）Sing.]又名松蕈、大花菌、松菌、真松茸、大脚菇、黄鸡枞等(图17)，广泛分布于我国东北、云南、四川和西藏及台湾等地。松口蘑自然生于海拔2 000米以上的无任何污染的松树和栎树自然杂交林中，它与松树根具有共生关系，又需要有栎树等阔叶林的荫蔽条件。松口蘑散生或群生，菌盖扁半球形至近平展，污白色，具黄褐色至栗褐色平状的纤毛状的鳞片，表面干燥；菌肉白色，肥厚；菌褶白色或稍带乳黄色，较密；菌柄较粗壮，具栗褐色纤毛状鳞片，内实，基部稍膨大。松口蘑有很高的药用价值，其含有具备抗瘤活性的多糖，能提高人体的自身免疫能力，具有抗肿瘤、抗菌、抗病毒、抗真菌、抗炎的功效，松口蘑是食药兼用真菌中抗癌效果较好的一种。对松口蘑的研究表明，松口蘑的组成成分复杂，具有多种有效成分，能预防与治疗多种疾病。由于松口蘑生长发育对环境条件要求严格，至今世界上没有成功人工栽培的松口蘑，完全靠野生采集。

图17　松口蘑

18.鸡枞菌

鸡枞菌（*Termitornyces* spp.）又名伞把菇、鸡肉丝菇、鸡脚蘑菇、蚁棕、斗鸡公等（图18），分布于我国西南、东南几省及台湾的一些地区，青藏高原东侧低山、云贵高原、四川盆地是该属的分布中心区域。菌体中等至大型，菌盖表面光滑，顶部显著凸起呈斗笠形，灰褐色、褐色、浅土黄色、灰白色至奶油色，老熟后辐射状开裂，有时边缘翻起，少数菌呈放射状。子实体充分成熟并即将腐烂时有特殊剧烈香气，嗅觉灵敏的人可以在十余米外闻到其香味。鸡枞菌色泽洁白、肉质细嫩、清香四溢、口感清脆，是著名的野生食用菌，性平味甘，有补益肠胃、清神、治痔等功效，可治脾虚纳呆、消化不良、痔疮出血等症。鸡枞菌的生长发育与白蚁的活动有密切关系，白

图18　鸡枞菌

蚁一旦弃巢而去，此巢便不会再长出鸡枞菌。人工栽培鸡枞菌很难成功，以饲养白蚁栽培鸡枞菌的仿野生栽培模式具有一定可行性。

19.榛蘑

榛蘑[*Armillaria mellea*（Vahl ex Fr.）Quél.]又名蜜蘑（图19），分布于我国黑龙江、吉林、河北、山西、甘肃、青海、四川、浙江、云南、广西等地，主要分布在黑龙江山区林区，被人们称为“山珍”“东北第四宝”。榛蘑生长在针叶树、阔叶树的干基部、伐根、倒木及埋在土中的枝条上，一般多生在浅山区的榛子林中，故而得名榛蘑。榛蘑生长初期为半球形，以后展开，伞面呈土黄色，上有暗色细鳞。菌髓白色，菌柄为圆柱形，根部稍大，表面稍白，有条

图19 榛 蘑

纹，内部松软，浅褐色。菌褶直生，初为白色，后期颜色变深。榛蘑是传统中医药材，具有祛风活络、强筋壮骨的功效，常用于治羊痫风、腰腿疼痛、佝偻病等，经常食用可预防视力减退、夜盲症、皮肤干燥，并增强对呼吸、消化道传染病的抵抗力。榛蘑的生长期为每年8～9月，雨后翌日最宜采摘。其栽培方式比较适用的有树桩栽培和野外坑式栽培。

20.灰树花

灰树花[*Polyporus frondosus*（Dicks.）Fr.]又名贝叶多孔菌、栗子蘑、莲花菌、叶状奇果菌、千佛菌等（图20），我国从黑龙江至云南以东地区都有过野生灰树花分布的报道。灰树花菌体肉质，短柄，呈珊瑚状分枝，末端生扇形至匙形菌盖，重叠成丛，表面有细毛，老熟后光滑，边缘薄，内卷。在亚洲地区，灰

图20　灰树花

树花是颇受人们欢迎的烹饪及药用食用菌，这不仅是因为它含有丰富的蛋白质、碳水化合物、纤维、维生素、多种微量元素和生物素，有利于人体健康，美味可口也是重要原因之一，一般人都可食用，尤其适合儿童、女性以及癌症、免疫力低下、肝病、糖尿病、高血压、动脉硬化、脑血栓、肥胖、水肿、脚气病、小便不利等患者食用。近十几年来，我国浙江、河北、云南、福建、上海等地一些科研单位进行了引种驯化和实验栽培，浙江省庆元、河北省迁西等地区开始了规模化生产，北京市昌平黑山寨也曾种植。

21.美味牛肝菌

美味牛肝菌（*Boletus edulis* Bull. ex Fr.）又名大脚菇、白牛头、黄乔巴、炒菌、大腿蘑、网纹牛肝菌（图21），我国东北、西北、西南、华东、华北和中南诸省（自治区）均有分布。菌体较大，菌盖扁半球形，光滑、不黏、淡褐色；菌肉白色，肥厚；菌柄粗壮，极似牛肝，故而得名。美味牛肝菌受伤时不变色，干燥后呈淡黄色。美味牛肝菌味略甜脆，营养丰富，味道香美，是极富美味的野生食用菌之一。西欧各国也有广泛食用白牛肝菌的习惯，除新鲜的作为蔬菜外，大部分切片干燥，加工成各种小包装，用来配制汤料或做成酱油浸膏，也有制成盐腌品食用。该菌含有多种生物碱，可治腰腿疼痛、手足麻木、盘骨不舒、四肢抽搐以及妇女白带异常等症。美味牛肝菌产于6 ~ 10月，温暖地区出菇稍早，温凉、高寒地区出菇稍晚。美味牛肝菌生长于云南松、高山松、麻栎、金皮栎、青风栎等针叶林和混交林地带，单生至群生，常与栎和松树的根形成菌根。

图21　美味牛肝菌

22.鸡油菌

鸡油菌（*Cantharellus cibarius* Fr.）又名鸡油蘑、鸡蛋黄菌、杏菌（图22），是世界著名的四大名菌之一，分布于福建、湖北、湖南、广东、四川、贵州、云南等地，为世界广布种。菌体单生、群生，少丛生。菌盖肉质，喇叭形，杏黄色至蛋黄色，最初扁平，后下凹；菌肉蛋黄色，味美。鸡油菌含有丰富的胡萝卜素、维生素C、蛋白质、钙、磷、铁等营养成分。鸡油菌性味甘寒，具有清目、利肺、益肠胃的功效，常食此菌可预防视力下降、眼炎、皮肤干燥等。鸡油菌通常在秋天生长于北温带深林内，东欧和俄罗斯出产世界上最好的鸡油菌。我国部分地区也出产几个品种的鸡油菌，其中以四川及湖北西北地区的质量较好，但产量不大。人工培养鸡油菌虽偶有报道，但技术不成熟，没有规模化生产。

图22 鸡油菌

23.松乳菇

松乳菇[*Lactarius deliciosus*（L.）Gray]又名美味松乳菇、松树蘑、松菌、枞树菇、茅草菇（图23），分布于我国浙江、香港、台湾、海南、河南、河北、山西、吉林、辽宁、江苏、安徽、江西、甘肃、青海、四川、湖北、云南、新疆、西藏等地区。菇体中等至大型，扁半球形，中央黏状，伸展后下凹，边缘最初内卷，后平展，湿时黏，无毛，虾仁色，胡萝卜黄色或深橙色，有或没有色较明显的环带，之后颜色变淡，受损伤时变绿色，特别是菌盖边缘部分变绿显著。松乳菇是一种珍贵的真菌，营养价值很高，不仅味道鲜美可口，还具有药用价值，能强身、益肠胃、止痛、理气化痰、驱虫及治疗糖尿病、抗癌等特殊功效，是中老年人理想的保健食品。松乳菇因系菌根菌，在人工培育下尚难形成子实体。其栽培时间一般在夏秋季。野外播种时，选25年以上自然生长松林地带，树林间长有少量茅草丛。

图23　松乳菇

24.正红菇

正红菇（*Russula griseocarnosa* X.H.Wang）又红蘑菇、大朱菇、真红菇、大红菇、红椎菌（图24），

图24　正红菇

我国福建、河南、广东、广西、湖北、江西、云南、陕西、四川等地有分布。菇体一般中等大，菌盖初扁半球形后平展，幼时黏，无光泽或绒状，中部色深红至暗（黑）红，边缘较淡，呈深红色，盖缘常见细横纹；菌肉白色、厚，常被虫吃；菌褶白色，老后变为乳黄色，近盖缘处可带红色，稍密至稍稀。正红菇风味独特，香馥爽口，其味鲜甜可口，并含有人体必需的多种氨基酸等成分。正红菇具有治疗肿瘤（尤其肺部肿瘤）、腰腿酸痛、手足麻木、筋骨不适、四肢抽搐和贫血、水肿、营养不良及产妇出血过多等疾病功效，还具有增加机体免疫力和抗癌等作用，经常食用，可使人皮肤细润、精力旺盛，益寿延年。正红菇无法人工种植，目前仍为种植难度较大的品种。由于近10年来香菇生产发展速度加快，大片栎、槠、栲等树遭受破坏，正红菇失去菌根共生的生态环境，加之产区缺乏保护性的采收，致使产量逐年锐减，保护正红菇资源已是迫在眉睫，因此在积极攻坚人工栽培技术难关的同时，要加强野生资源的保护。正红菇可仿效松口蘑进行人工促繁和营造菌林产菇等来发展生产。

25.花盖菇

花盖菇[*Russula cyanoxantha*（Schaeff.）Fr.]又名蓝黄红菇（图25），分布于吉林、辽宁、江苏、安徽、福建、河南、广西、陕西、青海、云南、贵州、湖南、湖北、广东、黑龙江、山东、四川、西藏、新疆等地。菇体中等至稍大，菌盖扁半球形，伸展后下凹，颜色多样，暗紫灰色、紫褐色或紫灰色稍带绿色，老熟后常呈淡青褐色、绿灰色，往往各色混杂，

图25　花盖菇

表皮薄，易自边缘剥离，表皮有时开裂，边缘平滑，或具不明显条纹。菌肉白色，表皮下淡红色或淡紫色。花盖菇可食用，味道较好。据资料报道，花盖菇对小白鼠肉瘤S-180的抑制率为70%，对艾氏腹水癌的抑制率为60%。花盖菇夏秋季生于阔叶林中地上，散生至群生，可与马尾松、高山松、云南松、高山栎、栗、山毛榉、鹅耳枥等树木形成外生菌根。

26.大白菇

大白菇（*Russula delica* Fr.）又名美味红菇（图26），分布于我国吉林、河北、江苏、安徽、浙江、甘肃、四川、贵州、西藏、云南、新疆等地。菇体中等至较大，菌盖初扁半球形，中央脐状，伸展后下凹至漏斗形，污白色，后变为米黄色或蛋壳色，或有时具锈褐色斑点，无毛或具细绒毛，不黏，边缘初内卷

图26　大白菇

后伸展，无条纹。菌肉白色或近白色，受损伤时不变色，味道柔，微麻或稍辛辣，有水果气味。菌褶白色或近白色，中等密，褶缘常带淡绿色。大白菇可食用，其味较好。试验表明，大白菇抗癌率高，对小白鼠肉瘤S-180和艾氏腹水癌的抑制率均达100%，对多种病原菌有明显抵抗作用。大白菇同云杉、冷杉、铁杉、黄杉、山毛榉、高山栎、山杨、松等形成菌根。

27.马勃

马勃（*Lycoperdon polymorphum* Scop.）又名马粪包、牛屎菇、马蹄包、药包子、马屁泡等（图27），其分布广泛，世界上大部分地区均有记载，主要产于我国内蒙古、河北、陕西、甘肃、新疆、江苏、安徽、湖北、湖南、贵州等地。菇体嫩时色白，圆球形，较大，鲜美可食，嫩如豆腐；老则褐色且虚软，

图27 马 勃

弹之有粉尘飞出，内部如海绵。马勃味辛、性平，归肺经，有清肺利咽和止血的功效，常用于治疗风热郁肺、咽喉肿痛、咳嗽、音哑，外治鼻衄、创伤出血。夏秋季马勃多生于草地开阔地，其开发利用潜力巨大，可能成为我国有开发前景的药用真菌之一。

28.铆钉菇

铆钉菇[*Gomphidius viscidus*（L.）Fr.]又名肉蘑、血红铆钉菇（图28），分布于河北、黑龙江、辽宁、吉林、云南等地。菌盖浅棠梨色至咖啡褐色，钟形，后平展，中央凹，光滑，黏，干时有光泽。菌肉带红色。菌柄内实，颜色与菌盖相近，基部黄色，稍黏。菌褶稀，初期青黄色并覆有菌幕，后变为紫褐色，其边缘色较浅，菌幕脱落后在柄上遗留一易消失的菌环。铆钉菇可食，可治疗神经性皮炎。铆钉菇生长于松树下的地上，单生或群生，可形成菌根。

图28　铆钉菇

29.块菌

块菌（*Tuber* spp.）是块菌属所有种类的统称，又名猪拱菌、无粮藤果、隔山撬（图29），我国云南、四川等地每年都有一定数量的食用块菌。菌盖不规则球形、椭圆形，表面有明显的如桑葚状的突疣，疣突多圆钝，由深网状沟缝分隔，黑褐色，深咖啡色，鲜时黄褐色。块菌生于华山松、榛子树、麻栎、马桑等针阔叶混交林的浅表土层或植物根际的土中。块菌清香可口，是欧美地区喜食的菌类之一，主要制成饮食调料、食用或提取所需成分用于化妆品。块菌的栽培程序为培育树苗→人工接种形成感染苗→感染苗移栽→翻根修整等管理→5 ～ 7年开始形成子实体，子实体可持续成形20 ～ 30年。

图29　块　菌

30.蜡伞

蜡伞[*Hygrophorus ceraceus*（Wulf.）Fr.]分布于

安徽、西藏等地（图30）。夏秋季生于林中地上，菇体单生、散生，子实体小，黄色。菌盖扁半球形至平展，蜡黄色至浅橘黄色，黏，光滑，边缘有细条纹。菌肉黄色，很薄。菌褶淡黄色，稀，很宽，较厚。菌柄细长，圆柱形，基部白色，表面光滑，内部空心，可食用。

图30 蜡 伞

31.滑子菇

滑子菇[*Pholiota nameko*（T.Ito）S.Ito et Imai]又名滑菇、珍珠菇、光帽鳞伞、珍珠菇等（图31），始于辽宁省南部地区，现主产区为河北北部、辽宁、黑龙江等地。菇体丛生，菌盖表面有一层极黏滑的胶质(主要成分为氨基酸)，表面黄褐色，中部红褐色，无鳞片。直径2.5～8.5厘米，初扁半球形，开伞后平展或中部稍凹；菌肉浅黄色；菌柄中生，圆柱形，有时基部稍膨大，黄色，内部松软。滑子菇是一种低热量、低脂肪的保健食品，每100克含有粗蛋白质35克，高于香菇和平菇，其外观亮丽、味道鲜美，鲜滑菇口感极佳，具有滑、鲜、嫩、脆的特点。除食用价值较高外，菌盖表面所分泌的糖胺聚糖，具有较高的药用价值。滑子菇是世界上五大宗人工栽培的食用菌之一。

图31　滑子菇

32.草菇

草菇[*Volvariella volvacea*（Bull. ex Fr.）Sing.]又名美味草菇、美味苞脚菇、兰花菇、秆菇、麻菇、中国菇（图32），分布于我国河北、陕西、河南、安徽、江苏、上海、江西、湖北、湖南、四川、贵州、云南、西藏、福建、广东、广西、台湾等地。未成熟菇体被包裹在外膜内，随着子实体增大，外膜遗留在菌柄基部而成菌托。菌盖平展，肉质，灰色、灰黄褐色至灰褐色，中部色深，不黏，边缘延伸，内卷。草菇可清热解毒，具有补益气血、降压、提高免疫力、加速伤口愈合等功效，主治暑热烦渴、体质虚热、高血压等，具有抗肿瘤、抗菌等作用。300年前我国已开始人工栽培草菇，在20世纪30年代由华侨传入世界各地，草菇是一种重要的热带亚热带菇类，是世界上第三大栽培食用菌，我国草菇产量居世界之首。我国室内草菇栽培始于20世纪70年代初期，多数利用夏天闲置的塑料大棚、菇房或旧仓库进行生产。此外，2010年南方主要采用泡沫板为材料建立菇房，这些菇房多数设在地势较高、开阔向阳、背北朝南、冬暖夏凉的地段。

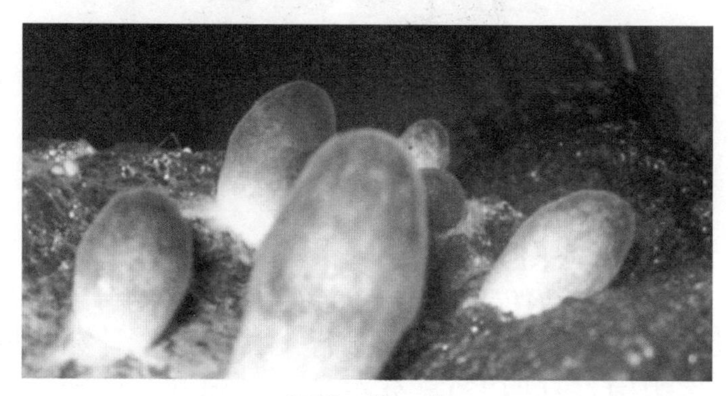

图32　草　菇

33.巴西蘑菇

巴西蘑菇（*Agaricus blazei* Murill）又名姬松茸、柏氏蘑菇、小松菇等（图33），原产美国和巴西，我国也有这种野生菇。菇体粗壮，初为半球形，后逐渐成馒头形，最后平展，顶部中央平坦，表面有淡褐色至栗色的纤维状鳞片，盖缘有碎片。巴西蘑菇具杏仁香味，口感脆嫩，是一种珍稀食药用菌，营养丰富，具有抗癌、降压等药效。巴西蘑菇是夏秋间发生在有畜粪的草地上的腐生菌，要求高温、潮湿和通风的环境条件。巴西蘑菇为发酵料开放式畦栽或床栽，栽培方式与双孢蘑菇完全相同，只是生长发育所需的温湿度与双孢蘑菇差别较大，栽培中注意及时调整即可。

图33　巴西蘑菇

34.白灵侧耳

白灵侧耳[*Pleurotus nebrodensis*（Inzenga）Quél.]又名天山神菇、阿魏蘑、阿魏侧耳、阿魏菇、白灵芝菇等（图34），我国野生白灵侧耳分布于新疆伊犁、塔城、阿勒泰等地区。白灵侧耳野生状态下形态多样，有掌状、扇状、匙状、马蹄状等。菇体多单生，菌盖初凸出，后平展，白色或米黄色，盖缘初内卷，后平展，干旱低温环境下常龟裂。白灵侧耳肉质细嫩，味美可口，具有较高的食用价值，被誉为“草原上的牛肝菌”，颇受消费者的青睐。白灵侧耳还具有一定的医药价值，有消积、杀虫、镇咳、消炎和防治妇科肿瘤等功效，具有调节人体生理平衡、增强人体免疫功能的作用。白灵侧耳对营养的要求并不苛刻，所有阔叶树的木屑、棉籽壳、玉米芯均可作为栽培料，其所需氮肥主要是麦麸、新鲜的玉米粉。

图34　白灵侧耳

35.大肥蘑菇

大肥蘑菇[*Agaricus bitorquis*（Quél.）Sacc.]又名双层环伞菌、柴达木大肥菇（图35），多分布于青海、河北、新疆等地区。大肥蘑菇夏秋季生于草原上，散生或单生。菌肉白色，厚，紧密，受损伤时略变淡红色（至少幼期是这样的），变色较慢。菌褶白色，后变粉红色至黑褐色，稠密。菌柄短，粗壮，白色，内实，近圆柱形。大肥蘑菇可食用，味鲜美，菌肉厚。大肥蘑菇可人工栽培，比双孢蘑菇有更强的适应性，更为耐热，菌丝生长的温度要比双孢蘑菇高5℃。

图35　大肥蘑菇

36.麻脸蘑菇

麻脸蘑菇（*Agaricus villaticus* Brond）又名细鳞

伞菌（图36），分布于新疆、吉林、西藏、山西、内蒙古、甘肃、四川、青海等地区。麻脸蘑菇春至秋季生于草原上，单生至群生，菇体大或较大，初球形，扁半球形，后平展，淡黄色，具平伏的褐色细鳞片，形似麻点。菌肉白色，厚。麻脸蘑菇可食用，味道较好。

图36　麻脸蘑菇

三、林下食用菌栽培技术

（一）林下食用菌栽培概述

食用菌又称食用真菌，通常人们所说的食用菌是指一切可以食用的真菌，它不仅包括大型真菌，而且还包括小型真菌，如酵母菌、脉孢霉、曲霉等。狭义的食用菌是指高等真菌中可供人类食用的大型真菌，通常形体较大，多为肉质、胶质和膜质，俗称菇、菌、蘑、蕈、耳，主要包括担子菌纲和子囊菌纲中的一些种类，绝大多数的食用菌属于担子菌，而少数属于子囊菌。平时所说的食用菌是指狭义概念上的食用菌，主要包括平菇、香菇、银耳、木耳、猴头菇（猴头菌）、灵芝、草菇、灰树花、杏鲍菇、白灵菇、巴西蘑菇、牛肝菌、双孢蘑菇、竹荪、羊肚菌、金针菇、滑子菇等。食用菌有时也被人们称为蘑菇，其实蘑菇的含义是多样的，通常是指具有肥大子实体的担子菌或子囊菌。狭义的蘑菇概念仅指担子菌，特别是伞菌目的真菌，尤指双孢蘑菇和四孢蘑菇。而由我国创始的草菇又被国外通称“中国蘑菇”。

目前已发现的食用菌有2 000多种，专家们估计自然界中食用菌的品种可能达5 000种。我国是世界上拥有食用菌品种最多的国家之一，优越的地理位置和多样化的生态类型，孕育了大量具有珍稀保护价值和经济价值的野生食用菌类，目前已有记载的食用菌品种数量为980多种。至今，我国已人工驯化栽培和利用菌丝体发酵培养的食用菌达百种，其中栽培生产的有70多种，规模化生产的有30多种。

食用菌子实体中蛋白质的含量很高，占鲜重的3% ~ 4%或占干重的30% ~ 40%，介于肉类和蔬菜之间。食用菌所含的蛋白质是由20多种氨基酸组成的，其中有8种是人体必需氨基酸。食用菌还含有丰富的维生素，如维生素B_1、维生素B_2、维生素B_{12}和维生素D、维生素C等。食用菌维生素含量是蔬菜的2 ~ 8倍，一般每人每天吃100克鲜菇可满足维生素的需要。鸡腿菇含有维生素B_1和维生素E，对糖尿病、肝硬化都有治疗效果；灰树花含有维生素B_1和维生素E，具有防止黄褐斑及抗衰老等功效。食用菌含有丰富的矿物质元素，是人类膳食所需矿物质的良好来源，这些营养元素有钾、磷、硫、钠、钙、镁、铁、锌、铜等。矿质元素种类数量与其生长环境有密切关系，有些食用菌还含有大量的锗和硒。

随着科学技术的发展，食用菌的药用价值日益受到重视，有许多新产品如食用菌的片剂、糖浆、胶囊、针剂、口服液等应用于临床治疗和日常保健。目前，至少有150种大型真菌被证实具有抗肿瘤活性。

目前已在临床应用的有多种菇类多糖，如香菇多糖、云芝多糖、猪苓多糖等，被作为医治癌症的辅助药物，可以提高人体抵抗力，减轻放疗、化疗反应。食用菌已成为筛选抗肿瘤药物的重要来源。

1.食用菌生长发育的影响因素

（1）温度。不同品种食用菌的不同生育阶段对温度要求各不相同，担孢子和菌丝体生长适宜温度为20～30℃。食用菌子实体分化和形成因品种差异较大，低温型适宜温度为15～20℃，最高不超过24℃，如低温香菇、金针菇、猴头菇等；中温型适宜温度为20～24℃，最高不超过30℃，如黑木耳等；高温型适宜温度为30～32℃，最高不超过35℃，如草菇等。

（2）湿度。水是食用菌生长中不可缺少的成分，菇体内含水分达90%。营养物质溶于水才能被食用菌吸收，代谢废物溶于水才能被排出，菌丝中分泌的各种酶只能溶于水才能分解纤维素和蛋白质。培养料中含水量直接影响菌丝体发育和子实体生长，且不同菌株不同阶段所需含水量不同，如香菇在菌丝体阶段要求含水量55%～60%，形成菇后要求含水量60%～70%。空气相对湿度对食用菌培育影响较大，空气干燥影响菌丝发育和子实体形成；空气湿度过大，不利于菌丝生长，并较易引起杂菌和病害发生，因此空气相对湿度应控制在70%～90%为宜。

（3）光照。食用菌在不同发育阶段对光照的要求不同。一般菌丝体生长不需光照，要在暗光环境下培养，否则生长受抑。转入生殖阶段需要一定散射光，光照不足，会影响出菇质量和数量，甚至会出现畸形菇，但不能有直射光，否则易导致菇体变干而死。

（4）空气。食用菌是一种好气性真菌，其菌丝和子实体均需不断吸入氧气，呼出二氧化碳。二氧化碳对菌丝和子实体生长影响较大，浓度过大，会造成菌丝萎缩，小菇死亡。因此，食用菌栽培的小环境中要保持低浓度二氧化碳和高含氧量。

（5）生物因子。在进行食用菌栽培的环境中，要及时关注其他生物活动，特别是致病的真菌、细菌等，还有菌螨、菇蝇和跳虫等，都有可能发生。因此，在食用菌培育过程中应重视生物因子的影响，并及时采取相应的防治措施。

2.林下食用菌栽培的条件

（1）栽培地点选择。林下食用菌栽培就是利用交通位置便利、水源干净的空闲林地，在遮阴好、散射光充足、通风好、温度适宜等有利条件下进行食用菌生产的一种新型栽培模式。因此，开展林下栽培食用菌应选择交通便利、海拔不高、水源充足、周边无污染源、地势较为平坦且成片的位置，最好远离公路、医院、工厂等，并具有形成食用菌集散地的潜力。

（2）林下栽培食用菌适宜的种类。不同区域适宜栽植的食用菌种类存在差异，应充分利用当地的气候资源条件。目前，适宜林下栽培食用菌的种类主要有平菇、鸡腿菇、茶树菇、猴头菇、灰树花、香菇、草菇、双孢蘑菇、金针菇、灵芝、杏鲍菇等。

(3) 林下栽培使用的简易设备。林下栽培食用菌主要受温湿度影响较大，不同食用菌的栽培模式不同。因此，栽培前应搭建简易小棚，建立井房、水泵和过滤装置，在栽培场地每隔2米安装一套微喷系统。栽培场地购置相关生产设备，包括拌料机、装袋机、灭菌锅及接种工具等。同时，生产场地要有电源、菌种培养室、接种室和温室等。

（二）食用菌菌种制作技术

食用菌菌种是经过人工分离、培养并可供进一步繁殖或栽培使用的食用菌菌丝纯培养物。菌种质量好坏直接影响食用菌生产中的发菌及出菇质量和产量。因此，要了解和掌握食用菌菌种的菌丝活力和优良性状稳定性，为食用菌优质高产奠定坚实的基础。

自然界中食用菌是依靠孢子繁殖，而人工栽培中孢子繁殖难以直接应用，而是利用子实体或孢子、菌丝组织萌发而成的纯菌丝体作为播种材料。因此，菌种是指人工生产的食用菌菌丝体与培养基形成的联合体。

一级菌种：即母种、试管种，是通过孢子分离或组织分离得到的菌丝体纯培养物及其继代培养物，移接至试管斜面培养基上培养而得到的纯种，主要用于繁殖栽培种，也可直接用于生产。

二级菌种：又称原种，是从母种移植至固体培养基或液体培养基上扩大培养而成的菌丝体纯培养物。原种用于栽培生产的成本较高，因此原种用于栽培种的扩繁，也可用于小规模的栽培试验。

三级菌种：又称栽培种或生产种，是由原种移植至固体培养基上扩大繁殖的菌丝体。三级菌种的培养基质与二级菌种较为相似，但更接近于生产栽培基质。三级菌种数量多、成本低，可直接用于生产用种接到段木、菌床或栽培袋上进行栽培。

1.母种制作

（1）母种培养基制作。母种是菌种生产的关键，要求纯度高，不能混有杂菌，同时母种的菌丝体较为纤细，分解培养料的能力较弱。因此，母种菌丝体需要培养在营养丰富、易被吸收、表面光滑且易于鉴别有无杂菌感染的琼脂培养基上。适合母种菌丝生长的琼脂培养基种类很多，主要的培养基见表1。

表1　母种主要培养基

培养基名称	培养基配方
马铃薯-葡萄糖-琼脂培养基	马铃薯200克，琼脂20克，葡萄糖20克，水1 000毫升
麦芽汁-葡萄糖-琼脂培养基	干麦芽250克，琼脂15～20克，葡萄糖10克，水1 000毫升
胡萝卜-葡萄糖-琼脂培养基	胡萝卜100克，琼脂20克，葡萄糖20克，水1 000毫升
蘑菇汁-葡萄糖-琼脂培养基	鲜蘑菇250克，琼脂20克，葡萄糖20克，水1 000毫升

（续）

培养基名称	培养基配方
蛋白胨-葡萄糖-琼脂培养基	蛋白胨2克，葡萄糖20克，磷酸氢二钾2克，维生素B_1 0.5毫克，磷酸二氢钾0.5克，琼脂18克，硫酸镁0.5克，水1 000毫升

以马铃薯-葡萄糖-琼脂培养基为例，制法如下：先将马铃薯去皮，洗涤，切成小块后加水1 000毫升，煮沸15 ～ 20分钟，取双层纱布过滤，取其滤液，加入琼脂和葡萄糖（或蔗糖），用文火加热使其溶化，最后补足水分，使其容量仍为1 000毫升。将配制好的培养基趁热分装于试管中，装量为试管长度的1/5左右，装管时要注意不使培养基沾污试管壁和试管口。试管口塞上大小合适的棉花塞，塞入试管口内的长度为棉塞总长的3/5。塞好棉塞后，每10支为一捆，用牛皮纸包扎好后，放置铁丝网笼中，并进行高压灭菌。

母种培养基通常用高压蒸汽灭菌锅来消毒灭菌，常用的高压蒸汽灭菌锅有立式、卧式和手提式3种。将配制好后的母种培养基移入上述任何一种高压蒸汽灭菌锅中，在0.15兆帕压强下，灭菌30分钟。高压蒸汽灭菌主要是依靠提高蒸汽的温度来灭菌的，因此灭菌时应将锅内的冷空气全部排除，否则尽管压力表上的压强数值已达到要求，灭菌锅内的温度却未达到所需的温度。排除冷空气的方法是加热后当压力表上指针上升到0.05兆帕时，打开排气阀，放气至指针仍回到“零”的位置。灭菌的时间是以排除冷空气后，压力回升到0.15兆帕时才开始计算。每次灭菌之后，要等压力表指针降到“零”位置时，才打开锅盖，否则灭菌的液体会因突然减压而外溢，玻璃器皿也会因突然降温而破裂。高压灭菌后将试管取出排成斜面备用。

（2）母种分离材料的选择。①子实体的选择。无论是用作孢子分离或组织分离的子实体，都要从产量高、长势好、适应性强、无杂菌虫害的群体中，选择朵大、生长健壮的单生子实体作为分离的材料。选作分离的子实体，成熟度要适当，如草菇具有菌膜，最好选菌膜将破而未破的子实体，这种子实体发育已成熟，子实层又未受污染，因此能很快散出大量的无菌孢子。对没有菌膜或菌膜自幼已破的食用菌，如香菇、平菇等，则以选取八分熟，正在释放孢子的个体为最好，因为刚从担子弹射出来的孢子基本上也是无菌的。②菇木（或耳本）的选择。木生食用菌如香菇、银耳、黑木耳等，可用它们生长的基质，即菇木（或耳木）作为分离的材料。选择时，应从野生或人工栽培场所挑选子实体生长健壮、朵大、长势好，菌丝在段木中发育旺盛，材质较为结实，尚未腐烂，一般是接种后一年内已出菇、出耳而无杂菌害虫感染的幼龄菇木或耳木为最好。采去子实体后，截取适当部位，挂于通风处风干后供分离时用。

（3）母种的分离方法。①孢子分离法。利用食用菌的有性孢子或无性孢子，萌发成菌丝，获得菌种的一种方法。按分离时挑取孢子的数目不同，又分为单孢子分离法和多孢子分离法两种。草菇等由于孢子没有性的区别，采用单孢子分离获得纯菌种，有结实能力，而其他食用菌如香菇、银耳、黑木耳等由于孢子有性别之分，单孢子分离得到的菌丝不能结实，所以只在育种上采用，生产上很少采用多孢子分离法，而是把许多孢子接种于同一培养基上，让它们萌发，自然交配而获得纯种。②组织分离法。利用食用菌幼嫩的组织块直接分离培养成纯菌种的方法。选用的子实体先经0.1%氯化汞溶液或70%酒精（乙醇）表面消毒后，用无菌水冲洗并用无菌纱布擦去表面水分。分离香菇时用无菌解剖刀自菌柄处切开少许，再用手将子实体掰开为二，在菌盖与菌褶交界处，切取0.3 ~ 0.4厘米^{3}的一小块菌肉，移放在斜面培养基中央。如已开伞的种菇，则选菌盖与菌柄交界处的菌肉。分离草菇时，用无菌解剖刀把菌蕾纵切少许，再用手把菌盖轻轻剥开，在菌柄上方和菌盖交界处，切取1 ~ 5毫米的细块，接在斜面培养基中。如种菇已受雨淋，吸水较多，应取菌褶作为接种材料。组织分离后将试管放在恒温箱中培养。待组织块周围萌发出菌丝，并向培养基蔓延生长后，再挑取生长健壮的菌丝进行转管培养。组织分离法操作简便，又不易带入杂菌，容易获得纯菌种。但银耳、黑木耳等胶质菌，因其子实体中菌丝的含量极少，如用组织分离培养，则往往不易成功。③基内菌丝分离法。利用食用菌生长的基质——菇木和耳木作为分离材料，而培养成纯菌种的方法。特别是银耳、黑木耳采用这种方法，成功率高，性状也较稳定，为生产上经常采用的方法。具体做法是，从野生或人工栽培的场所，选择子实体发生早、生长旺盛、朵大，无病虫害的菇木或耳木，锯取一小段，让其充分风干后备用。分离时如为香菇的菇木，先锯取1厘米的薄片，切去四周用0.1%氯化汞溶液表面消毒1 ～ 2分钟，用无菌刀将其劈成小木片，再切成0.5厘米^{2}的小木条，移入试管斜面培养基上，25 ～ 27℃环境下培养，菌丝生长后，选生长健壮、两端展整齐的菌丝，进行转管纯化2 ～ 3次培育成母种。在培养过程中，有时培养基背面会呈现乳白色或淡褐色，这是正常现象。

（4）母种的扩大培养。从分离获得或外地引入的优良母种，由于数量有限不能满足生产上的需要，应进行扩大繁殖培养。其方法是，在无菌条件下把斜面培养基连同菌丝体切成米粒大的小块，移接到新的斜面培养基上，在适温条件下培养，待菌丝长满斜面时即可。一般每支母种试管可扩大繁殖60 ～ 80支新管。母种扩大第一次应多些，以避免多次转管，造成菌丝生活力降低，结菇（耳）少，影响产量和质量。一般要求转管不要超过5次。

2.原种制作

（1）原种常用培养基。常见的原种培养基种类见表2。

表2　原种培养基种类

原种培养基	配方	适合菌种
木屑-米糠培养基	木屑78%，米糠或麸皮20%，白糖1%，石膏1%，水适量	常见食用菌
木屑培养基	木屑98%，葡萄糖1%，尿素0.3%，硫酸镁0.05%，磷酸二氢钾0.2%，高锰酸钾0.05%，碳酸钙0.4%，水适量	木耳、香菇
棉籽壳培养基	棉籽壳100%，水适量	平菇、猴头菇
棉籽壳-木屑培养基	棉籽壳70%，木屑28%，糖1%，石膏1%，水适量	木耳、香菇、银耳、金针菇、灵芝、猴头菇
棉籽壳-麸皮培养基	棉籽壳80%、麸皮18%、糖1%、石膏1%，水适量	木耳、香菇、银耳、金针菇、灵芝、猴头菇
玉米芯-麸皮培养基	玉米芯78%，麸皮（米糠）20%，过磷酸钙1%，石膏1%，水适量	平菇、木耳、猴头菇

（2）原种培养基的制作方法。首先结合当地原料情况，选适宜的培养料。根据上述配方，凡加糖的，应先将糖溶于水中，其余原料混合均匀后，用糖水拌料。拌均匀后，培养料的含水量用手测，即手握培养料指缝间有水渗出，但不滴下为宜。含草粪的培养料，最好经发酵处理，将培养料的pH调为6.5～8，然后将培养料装入已洗净的菌瓶、罐头瓶或制菌种用的塑料袋内，装得松紧适度、上下一致，装料高度以齐瓶肩为宜。装好后，即可装锅灭菌。灭菌时由于培养基体积较

大，数量较多，瓶壁又厚，故灭菌时间要适当延长，在0.15兆帕的压强下灭菌1.5 ~ 2小时，可达到灭菌目的。也可用常压灭菌锅进行灭菌8 ~ 10小时，达到灭菌效果。

3.栽培种制作

栽培种培养基配方的配制、制作方法、灭菌方法与原种培养基相同。但最好不用麦粒种，因栽培用量大。另外，用常压灭菌锅进行灭菌，也不易灭菌彻底。栽培种培养基所用的容器可采用制种用的低压聚乙烯或聚丙烯塑料袋，也可以采用瓶装，但在生产上多采用菌袋，袋的大小一般为（15 ~ 18）厘米 ×（30 ~ 35）厘米。装培养料时，尽量装得松紧适度，四周紧中间松，装入量以占袋子2/3为宜。袋口可用塑料圈，也可用绳子直接扎住，但不要扎得过紧，以防灭菌时爆袋。

（三）食用菌接种技术

接种是食用菌制种工作中的一项最基本的操作，无论是食用菌的继代、分离、鉴定还是进行食用菌的形态、生理等方面的研究都离不开接种操作。接种的关键是严格无菌操作，根据不同的目的、不同的菌类及同一菌类的不同菌种容器，接种方法都有所区别，但在无菌条件进行严格的无菌操作这一点是必须遵守的。

1.无菌操作规程

（1）接种前对接种箱（室）进行清洁消毒，准备好接种工具。将待接的母种培养基、原种培养基或栽培种培养基放入接种箱内或室内，用药物熏蒸消毒，有条件也可用紫外线灯、净化设备消毒灭菌。

（2）换好清洁的工作衣，取少许药棉蘸75%酒精擦拭双手、菌种容器表面、工作台面及接种工具。

（3）点燃酒精灯开始接种操作。酒精灯火焰周围8厘米半径范围的空间为无菌区，接种操作必须在无菌区内进行。

2.接种方法

（1）母种接种。按上述要求做好无菌操作准备后，进行接种。①用75%酒精棉球涂擦双手和菌种试管外壁进行消毒，将菌种试管放入接种箱或接种室内。②用酒精棉球涂擦接种针，再在酒精灯上烧红。③左手排握着菌种和斜面试管，右手握持接种针。④分别把菌种和斜面培养基上的试管棉塞拔开，用接种钩伸入菌种管割取菌种，割取的菌种不宜过大，米粒大小，然后迅速转接在斜面培养基中央；将试管口在酒精灯火焰上灼烧一下，塞好试管棉塞。⑤接上菌种的斜面试管贴上标签，注明菌名和接种日期等。

整个转管过程应在酒精灯火焰无菌区进行。转接后的试管，放入适宜的温度下培养至长满斜面。

（2）原种接种。要求做好无菌操作准备后，进行接种。①将灭过菌的菌瓶、母种和接种钩等一起放入接种箱消毒后开始接种。母种接原种，一般一支斜面试管可接原种4 ～ 6瓶。接种时严格按无菌操作规程。双手要用75%酒精棉球擦拭进行表面消毒，拔开母种棉塞，试管口用酒精灯火焰封口。接种钩要经过火焰灭菌。然后将母种（菌丝）连同培养基用接种钩分成4 ～ 6段，将每一段母种迅速转移到原种培养基上。②接完种后，将待培养的菌瓶移入培养箱或光线暗淡的培养室，平卧或立在瓶架上发菌，根据各种菌类的生长要求，调整适宜的温度。培养初期逐日观察菌丝定植生长和杂菌污染情况。如接种5天仍未见菌丝萌发则应及时补接母种，如发现杂菌应及时清除。同时，要经常调整菌瓶的位置，以利于菌丝生长一致。当菌长满瓶后及时使用，若暂时不用可放低温、干燥、避光的环境下短期保存，一般棉籽壳原种25天左右长满瓶，麦粒原种15天左右长满瓶。

（3）栽培种接种。要求做好无菌操作准备后，进行接种。①装箱。将灭过菌的菌袋（瓶）、接种用的器具、原种等放入接种箱中。将待接的栽培袋（瓶）置于接种箱一端，栽培袋横卧码好，菌瓶立码。然后进行空间消毒。②接种。原瓶口应用75%酒精棉球擦拭，进行瓶口消毒，然后用已消毒的接种钩清理原种表皮的菌被，再将长满菌丝的培养料挖成粒（块）状。在酒精灯火焰旁，解菌袋绳结，用接种钩将原种颗粒（块）移植到栽培种的菌种料袋（瓶）内。一般每瓶原种可接35 ～ 50袋（瓶）。③培养。接完种后，将待培养的菌袋（瓶）置于培养室发菌，在培养过程中定期向地面喷洒化学消毒药品，防止空气污染。接种后经常观察菌丝生长情况，30天左右即可长满菌袋（瓶）。菌丝长满一周后，即可栽培。

3.接种注意事项

（1）接种前要准备一些无菌棉塞，一起放入无菌室（箱内），以便在所用棉塞受潮时更换。

（2）接种时切勿使试管口、瓶口向上，切勿离开酒精灯火焰的无菌区；人在室内尽量少走动，减少空气流动扬起的灰尘，减少污染。

（3）接种时留下的污物，如用过的酒精棉球、菌种碎屑等要及时清除，以免污染。如一次接种不同菌种时，要注意做好标记，以免搞混。

（四）食用菌菌种培养技术

接种后的原种或栽培种根据不同食用菌菌丝发育的最适温度进行培养。培养2～3天后，菌丝开始生长时，要每天定期检查，如发现黄色、绿色、橘红色、黑色杂菌时，要及时拣出清理。尤其是塑料袋菌种，检查工作到菌丝长满为止。培养室内切忌阳光直射，但不要完全黑暗；注意通风换气，室内保持清洁，空气相对湿度不要超过65%；同时，菌瓶（袋）不要堆叠过高，瓶间要有空隙，以防温度过高造成菌丝衰老，活力降低。

特别是对加温的培养室要注意：一是要保持室内温度稳定，因为在温差较大的情况下（特别是母种培养）会形成冷凝水，而使菌丝倒伏变黄。有条件的话，可以根据菇类的菌丝生长对温度的要求，按品种分开放在不同温度的培养室（箱）内培养。同时，要注意经常调换原种、栽培种排放的位置，使同一批菌种菌丝生长一致。二是要注意通风换气，以免室内二氧化碳浓度过高影响菌丝生长。

（五）林下食用菌病虫害防治技术

随着食用菌生产的发展，许多病虫害也不断蔓延，在一些生产历史较长的地区，各种病虫害通过多种传播途径渗透到整个食用菌生产过程中来。从制种开始到采摘产品，各生产环节都有病虫危害的可能。因此，必须掌握病虫害的发生规律，采取有效的防治措施，及时进行防治，以保证食用菌的正常生产，使生产者不致遭受经济损失。

1.食用菌病害及防治

食用菌病害是指在食用菌栽培过程或运输、储藏过程中，遭受到病原生物的侵害或受到不良环境因素的直接影响，致使食用菌生长发育受到显著影响，因而产量降低，品质变坏，严重的甚至绝收。

根据食用菌发病的原因，可将病害分为两大类，即侵染性病害和非侵染性病害。侵染性病害是由病原物侵染引起的，侵染食用菌的病原物主要有真菌、放线菌、细菌、黏菌、病毒，这类病害具有明显扩张蔓延性。非侵染性病害是由于不适宜的环境条件或不恰当的栽培措施引起的，如栽培养料含水量过高或过低，酸碱度过高或过低，空气相对湿度过高或过低，光线过强或过弱，二氧化碳浓度过高，农药及生长调节物质使用不当等，这类病不具有传染性，如子实体畸形、菇体水渍斑等。

（1）褐腐病。褐腐病常危害双孢蘑菇和草菇等，只感染子实体，不感染菌丝体。子实体受害后变成褐色，菌柄肿大泡状，菇体畸形，后期产生褐色病斑，子实体腐烂后，分泌褐色汁液，有臭味。该病在高温高湿通气不良的条件下易发生。

防治方法：培养料发酵要彻底，覆盖物（如覆土）要经过灭菌消毒处理；用40%多菌灵悬浮剂或50%苯菌灵可湿性粉剂500倍液喷雾；降温减湿，通风换气，使温度降至15℃以下。

（2）褐斑病。褐斑病又称干泡病，主要危害草菇、平菇、双孢蘑菇等。菌盖和菌柄被侵染后出现褐斑，并逐渐扩大形成灰白色的分生孢子，受害菇畸形，菌柄肿大或弯曲，最后枯死，菇体不腐烂，无臭味。

防治方法：培养料要腐熟发酵；局部感染用1%生石灰水喷洒；用2%～5%甲醛或40%多菌灵悬浮剂500倍液喷洒。

（3）链孢霉。病原侵染菌种和菌床，初生菌丝为白色绒毛状，逐渐变成橘黄色粉粒状。该病原最适生长温度为25℃，玉米穗轴上雨后常有发生。

防治方法：降低菇房温度和湿度，多通风换气；保持大棚或菇房等生产场地及周围环境卫生，保持清洁；制种用的培养料灭菌要彻底；生料栽培时用40%多菌灵悬浮剂800倍液拌料。

（4）红银耳。是一种浅红酵母引起的病害，侵染银耳后，子实体变为红色并腐烂，失去再生能力。

防治方法：出耳时将温度控制在不超过25℃，可减轻感染；老菇房用氨水消毒，所用工具用0.1%高锰酸钾溶液消毒；在生产上可采取提早生产措施，即早接种栽培，早出耳，避开25℃以上高温。

（5）木霉。又称绿霉菌，分布广，是食用菌生产中发生最普遍、危害最严重的杂菌之一，几乎在所有食用菌的制种和栽培中，不论是熟料、生料或发酵料发菌期间均可发生。病菌的孢子通过空气、覆土、操作人员及生产用具进入菇房侵染危害。病菌孢子萌发和菌丝生长的最适温度为30℃左右，低于15℃不易萌发。病菌菌丝阶段不易被觉察，直到出现孢子（绿色霉层）时才引起注意。木霉感染培养料时，菌落初期白色、致密，无固定形状，后从菌落中心至边缘逐渐变成浅绿色，出现粉状物，很快料面上形成大片霉层。子实体感染木霉后，先出现浅褐色的水渍状病斑，后病斑褐色凹陷，产生绿色霉层，最后整个子实体腐烂。

防治方法：熟料栽培时用40%克霉灵可湿性粉剂

1 200倍液拌料；菌种或菌袋发菌及出菇期间，每5天左右用2%戊二醛10倍液对菇棚空白处喷洒；发现木霉后，用70%喹啉铜菌绝杀可湿性粉剂150倍液浸洗菌袋或直接撒施覆盖病区。

（6）青霉。食用菌生产中最常发生的竞争性杂菌，多喜欢酸性环境，酸性的培养料及覆土较易发生该病害。青霉菌丝生长不快，但能很快长出大量绿色的分生孢子，形成一片青绿色粉状霉层。培养料被青霉污染时，初期料面出现白色绒状菌丝，1～2天后菌落渐变成青绿色的粉末霉层，覆盖于培养料表面，并分泌毒素，使菌丝生长受抑制，同时诱发其他病原物的侵染。

防治方法：同木霉菌的防治方法。

（7）毛霉。菌丝稀疏、细长，生长迅速，菌袋或菌床感染后，表面很快形成很厚的白色棉絮状菌丝团，随着生长，逐渐出现细小、黑色球状的孢子囊，变成灰黑色，又称黑霉菌或黑毛菌等。病菌主要以孢子进行传播危害，对环境条件适应性强，高温高湿的条件有利于病菌孢子的萌发和传播危害，在适宜的条件下病菌3天时间即可布满培养料（基）的表面。

防治方法：打扫接种室和培养室的内外卫生，并进行消毒处理；菌种培养基灭菌时避免棉塞受潮；可用50%咪鲜胺锰盐可湿性粉剂800～1 000倍液将污染的菌袋浸2～3分钟，以杀死霉菌后再进行处理。

（8）曲霉。又称黄霉菌或黑霉菌。生产中形成危害的曲霉主要有黄曲霉、黑曲霉等。曲霉的分生孢子梗无色、直立、不分枝，顶部膨大成圆形或椭圆形，上面着生多层小梗呈放射状排列，顶部瓶状产孢细胞。分生孢子单胞、串生，聚集时呈不同颜色。曲霉是食用菌生产中仅次于木霉的第二大杂菌。病菌发生后，在一定的条件下，不断扩大，直至占领整个料面，与食用菌菌丝争夺养分、水分和生长空间，还分泌毒素危害菌丝。病菌的适应性较强，在10℃以下和空气相对湿度为30%的条件下也能成长，最适生长温度为25℃左右。

防治方法：高压灭菌时防止试管棉塞受潮；培养料的发酵要彻底；生产中发现曲霉后，用70%喹啉铜可湿性粉剂10倍液浸洗菌袋；若是菌种被曲霉侵染，可挖除病斑后再用药或直接撒施覆盖病区。

（9）根霉。发生于培养基上，大多为黑根霉。根霉的发生与毛霉相似，长速极快，很快即可布满料面，且气生菌丝纵横交错，菌丝顶端有黑色颗粒状物，几天后整个菌床呈乌黑状。潮湿、通风不良和阴暗的条件下有利于该病害的发生。菌床感病后食用菌的菌丝停止生长，很快消失，时常造成栽培失败。

防治方法：发病严重的要予以清理，并喷药消毒，彻底治理环境。菇棚消毒：每立方米用36%甲醛水剂10毫升+5克高锰酸钾对菇房进行密闭熏蒸24小时后再使用；生产中发现污染的菌袋，用50%咪鲜·氯化锰可湿性粉剂800～1 000倍液浸2～3分钟，以杀死霉菌后再进行处理；菌床污染后用70%喹啉铜可湿性粉剂150～200倍液浇施。

（10）鬼伞。草菇、双孢蘑菇、鸡腿菇和平菇栽培床上常发生的大型竞争性杂菌，夏季高温期发生的最多。菌床感染鬼伞，开始料面上无明显症状，看不到鬼伞的菌丝，直到灰黑色的鬼伞小蕾从中冒出，形成鬼伞时才能辨别出。鬼伞生长很快，从子实体形成到溶解为墨汁状仅需24 ～ 48小时，子实体自溶为墨汁时产生恶臭。发生鬼伞的菌床或菌袋上一般不长食用菌。

防治方法：配制优质堆肥，要求选用新鲜、干燥、无霉变的草料及畜粪，并进行高温堆制，翻堆时一定要将粪块弄碎或清除，进房后进行后发酵处理；控制合理的碳氮比，防止氮素养分过多，同时适当增加石灰用量，使堆肥的pH呈碱性；菇床上一旦出现鬼伞要及时拔除，防止孢子扩散。

（11）软腐病。菇蕾柄基部初出现淡褐色不规则水渍状病斑，后即被蛛网状菌丝体所覆盖而软腐，并逐渐向上蔓延至菇盖，病菇稍加触动即倒下，软腐病主要危害双孢蘑菇，也危害平菇。病菌长期存活于有机质丰富的土壤中，病菌孢子随覆土进入菇房，通过气流、水滴、人体传播。低温、高温的条件有利于该病的发生，一旦发生传播速度较快。

防治方法：消毒覆土，用热蒸汽处理3分钟或加入总量的0.5%石灰粉拌匀后堆闷；局部发生时应减少床面喷水，加强菇房通风，降低土表面和空气湿度；发病初期，对病菌进行处理，并及时清除感病子实体（集中处理），或覆土熏蒸杀菌。

（12）菌褶滴水病。该病原为假单胞菌，主要侵染菌褶，被感染部位变成奶油色小液滴，最后菌褶烂掉，变成褐色黏液团。

防治方法：不使菌盖积成水珠，有积水时加强通风；使空气相对湿度降低至85%以下；喷漂白粉100 ～ 150倍液或氯酸钙600倍液。

（13）菌丝徒长。在菌床上长出一层密密白色气生菌丝，菌丝持续生长，在料面上形成厚厚的菌皮，难以形成子实体。

主要原因：通风少，斜面湿度大，适宜菌丝生长，不适宜子实体形成；母种分离时，将气生菌丝挑去得太多。

防治方法：加强通风换气，降低二氧化碳浓度，将已结成的菌皮用刀划破，并喷水和通气；接种时，挑选半基质内、半气生菌丝配合接种。

（14）菌丝稀疏。食用菌菌丝表面稀疏、纤细、无力，长速非常慢，在排除细菌污染的前提下稀疏菌丝。

主要原因：培养基料的酸碱度不适宜，过高或过低；菌种感染病毒；菌种退化；培养基料的配方设计不合理，营养不均衡；培养料的含水量过低，菌丝无法正常生长；培养室的温度过高、湿度过大。

防治方法：选用适龄脱毒的菌种；培养料的含水量要适宜，料水比为1 ：（1.3 ～ 1.5）；科学合理设计培养料的配方，保持营养的均衡、全面；控制好培养室的温湿度，若温度超过35℃、空气相对湿度100%时菌丝则明显纤细、稀疏。

（15）硬开伞。子实体幼嫩未成熟时，就出现菌幕和菌柄分离，出现提早开伞现象，从而影响产量和质量。

主要原因：温度变化幅度太大（在18℃以下，温差超过10℃），菇房温度又偏低时易发生。

防治方法：使温度和湿度在正常范围内，如秋后寒潮来临时要加强保湿措施。

（16）子实体畸形。菇形不整齐，盖小柄大，歪斜，锯齿状等；子实体分化不良，不开片，形成一个组织块。

主要原因：机械损伤、二氧化碳浓度大、药害等。

防治方法：加强出菇期管理，创造适宜的温、湿、气、光等条件。

（17）菌丝不吃料。食用菌菌袋内表面菌丝浓密、洁白，不能按期出菇，开料后发现菌丝只深入料面下3～5厘米，并形成一道明显“断线”，未发菌的基料变为黑褐色，有腐味，夏季栽培食用菌较易出现菌丝不吃料。

主要原因：培养料配方不合理，原料中含有不良物质；菌种退化或老化；培养料的含水量过高。

防治方法：选用适龄脱毒的菌种；培养料的含水量要适宜；科学合理设计培养料的配方，保持营养的均衡、全面，避免使用过多的催长素。

（18）菌丝松散。食用菌菌袋内菌丝稀疏、纤细、不结块，菌丝无力、松散。

主要原因：培养料配方不合理，缺少一些微量元素；菌种退化或老化；培养料的含水量过低；培养料装料时过松；发菌期间培养室的温度过高。

防治方法：选用适龄、脱毒的菌种；科学设计配方，培养料的含水量控制在63%～65%；培养料内加入食用菌三维营养精素，可调节培养料的营养平衡；培养料拌好后要及时装袋，防止失水；发菌期间根据栽培品种特性调节好培养室的适宜温度，避免出现高温。

（19）退菌。食用菌菌袋内菌丝开始生长正常，当菌丝进入生殖生长时或出完一茬菇后，出现菌丝逐渐消失的现象。

主要原因：培养料含水量过高，出现闷热、水大，菌丝自溶；菌种退化，抗性减弱，无法适应培养时的高温。

防治方法：选用适龄、脱毒的菌种；科学设计配方，培养料的含水量控制在63%～65%；培养料拌好后要及时装袋，防止失水；发菌期间根据栽培品种特性调节好培养室的温度，避免出现高温。

（20）幼菇死亡。在草菇栽培生产过程中，经常见到成片的小菇萎蔫死亡现象。

主要原因：通气不畅，料堆中的二氧化碳过多而导致缺氧，小菇难以正常长大而萎蔫；建堆播种时水分不足或采菇后没有及时补水，导致小菇萎蔫；温度骤变，盛夏季节持续高温致使小菇成批死亡；环境偏酸，当pH为6以下虽可结蕾，但难长成菇；水温不适，喷20℃左右的井水或喷被阳光直射达40℃以上的地面水，翌日小菇会全部萎蔫死亡。

防治方法：加强通风换气，播种后1～4天，每天通风半个小时，随着菌丝量的增大和针头菇的出现，要适当增大通风量；堆料播种时要大水保湿，播种4天后要喷水促使结蕾，头茬菇结束后补充水分；盛夏酷暑时要选择阴凉场地堆料栽培，料上加盖草被并多喷水，料堆上方须搭遮阳棚；采完头茬菇后可喷1%石灰水或5%草木灰水，以保持料堆的pH在8左右；菇房喷水要在早晚进行，水温30℃左右。

（21）菌盖翻卷。菌盖翻卷，菌褶在外，整丛菇只能看到一个满是菌褶的“菌球”，严重降低商品价值。

主要原因：子实体发育过程中喷洒了敌敌畏等药物或是吸入敌敌畏的气味；培养料中加入了某些不明成分化学物质，使子实体中毒；菌株温度类型与栽培季节不配。

防治方法：菌袋入棚后禁止使用敌敌畏、敌百虫等农药；培养料中不使用不明成分的化学物质；根据当地的气候条件，确定生产季节，正确选用菌株。

（22）香菇瘤盖菇。香菇子实体盖表面着生圆形凸瘤或条块状凸起，严重影响商品价值。

主要原因：选择菌种不当，在低温季节选用了中温型或高温型菌株；菇棚保温不足，高温型菌株在

10℃左右出菇。

防治方法：根据当地气候条件选择适合当地栽培的菌株；栽培高温型菌株时注意菇棚的保温工作，使香菇子实体在适宜的温度条件下出菇。

2.食用菌常见虫害及其防治

（1）尖眼菌蚊。又名菇蚊、菌蚊，主要为害平菇、香菇、银耳、黑木耳等食用菌。

形态特征：成虫体长2～3毫米，褐色或灰褐色，翅膜质，后翅化为平衡棒，复眼发达，顶部尖，在头顶延伸并左右相接，形成眼桥，触角丝状，16节，雌虫腹末尖细，雄虫外生殖器呈铗状。卵椭圆形，白色，单产或成堆产于覆土上或菇柄基部，产后3～4天即可孵化。幼虫细长，白色，头黑亮，无足；老熟幼虫长5毫米。蛹黄褐色。

发生及为害：尖眼菌蚊生活史为卵→幼虫→蛹→成虫，成虫雌雄交配，繁殖了第二代。其适宜生长温度为20℃，10℃以下活动能力下降，幼虫停食不活动。成虫活泼善飞，有趋光性，对双孢蘑菇、平菇、金针菇有很强趋性。以幼虫和成虫为害食用菌，可取食培养料，为害发菌；也可直接取食菌丝，切断幼菇与菌丝间的联系，幼菇枯萎死亡；还可取食子实体，同时，在为害时携带病菌孢子及螨类进行传播，造成间接为害。

防治方法：①搞好卫生。防止虫害的重要环节和根本措施是清洁卫生，彻底消除出菇场垃圾、粪肥及前一年废弃的培养料，铲除虫害滋生物，尤其是虫菇、烂菇、菇根不要堆积在菇房内外任虫发生，要及时销毁或深埋。同时，防止成虫羽化。②预防杀虫。在生产前或菌袋开袋前，用50%敌敌畏乳油熏蒸，菇房或培养室，用量0.5毫升/米^3，菇房四周用80%敌敌畏乳油800倍液喷施。做好菇房与外界的隔离，防止成虫进菇房。③出菇期防治。出菇期防治要考虑药剂对菇体的影响，一般都采用25%菊乐合酯乳剂2 000倍液喷施，或利用尖眼菌蚊的趋光性，采用灯光诱杀。

（2）蚤蝇。又称粪蝇、菇蝇。幼虫蛀食菌丝体和子实体，也能腐生。

形态特征：成虫体长1.07～1.1毫米，翅展1.8～2.3毫米，小蝇状，淡黄色、淡褐色或橘红色。幼虫蛆形，体长2.9毫米左右，头尖，无足，常为淡黄色或白色。

发生及为害：幼虫又称菌蛆，主要取食子实体造成蛀道而影响品质，且造成的伤口还很容易被病菌感染而腐烂；也取食菌丝和培养料，使菌丝衰退。

防治方法：蚤蝇的防治在不同时期应采用不同方法。出菇前菌蛆大量发生时，可用50%敌敌畏乳油按每100米^{2}0.9千克的量进行熏蒸，同时在每个培养块上再喷0.15千克的1%氯化钾或氯化钠溶液（可用5%食盐水代替）；出菇后有菌蛆为害可喷鱼藤精、除虫菊酯、烟碱等低毒农药。菇房的通风口及门窗要安装防虫纱窗。此外，还应加强通风，调节棚内温湿度来恶化害虫生存环境达到防治其为害的目的。

(3) 螨类。害螨主要是通过培养料和昆虫进入菇房。

形态特征：个体很小，长圆形至椭圆形，蒲螨咖啡色，行动缓慢，多在料面或土粒聚集成团，似一层土黄色的粉；粉螨白色发亮，体壁有若干长毛，单独行动。

发生及为害：主要取食菌丝和子实体，菌丝被取食后出现枯萎、衰退，危害严重时可将菌丝吃光，培养料变黑腐烂。子实体被咬食后，表面出现不规则的褐色凹陷斑点。

防治方法：首先应先杜绝虫源侵入菇棚，因其主要来源于仓库、饲料间的各种饲料里，所以利用仓库、鸡舍等作为养菌室时要彻底消毒，并用石灰刷墙，使用前再用敌敌畏熏蒸一次；培养室、菇房在每次使用前都要进行消毒杀虫处理；发菌期间出现螨虫，可喷洒50%氯氰菊酯烟剂等；出菇期间可用毒饵诱杀；防止菌种带螨。

(4) 线虫。为害食用菌的线虫主要有寄生性线虫和腐生性线虫两大类，主要为害平菇、香菇、黑木耳等食用菌。

形态特征：线虫是一种无色的小蠕虫，体形极小，仅1毫米左右，如线状，两端稍尖。

发生及为害：幼虫侵害菌丝体和子实体，开始时菌盖变黑，以后整个子实体全变黑，腐烂并有霉臭味。线虫的危害常伴随着蚊、蝇、螨等害虫同时发生。

防治方法：及时清除菇房的残菇、废柴，使用前对菇房进行全面消毒杀虫处理；对培养料进行高温堆积发酵；做好蚊、蝇、螨等害虫的防治工作；培养料发生线虫时可用1.8%阿维菌素乳油3 000倍液喷洒。

(5) 跳虫。又名烟灰虫，主要为害香菇、黑木耳、银耳等的菌丝和子实体。

形态特征：无翅，体长1 ~ 2毫米，成虫灰色或灰紫色，若虫白色，成虫腹部有跳器，弹跳自如，体具蜡质，不怕水。

发生及为害：常分布在菇床表面或潮湿的阴暗处咬食子实体，咬食菌柄时，菌柄形成小洞，咬食菌盖时，菌盖出现不规则的凹点或孔道。跳虫一般群集为害，当菌盖上虫口密度高时，则呈现烟灰状。

防治方法：出菇前发生可用50%敌敌畏乳油1 000倍液加少量蜜糖诱杀，或用亚砷酸制剂或有机磷制剂涂于地瓜片上进行诱杀。出菇后一般不能直接使用农药，此时可用新鲜橘皮0.25 ~ 0.50千克切成碎片，用纱布包好榨取汁液，再加入0.50千克温水，之后用20倍液喷施2 ~ 3次，跳虫防治有效率达90%以上。

(6) 蛞蝓。又名鼻涕虫，白天潜伏在阴暗潮湿处，夜晚活动，咬食子实体，主要为害香菇、平菇、黑木耳、银耳等。

形态特征：系软体动物，身体裸露，无外壳，暗灰色或灰红色，有的体壁有明显的暗带或斑点，触角两对，黑色。

发生及为害：蚰蜒畏光怕热，白天躲在砖、石块下面及土缝中，黄昏后陆续出来取食为害，天亮前又躲起来，喜栖息在阴暗潮湿处。

防治方法：在米糠或豆饼中加入2%砷酸钙或砷酸铝制成毒饵诱杀，也可用氯化钠15 ～ 20倍液地面喷洒驱除成虫。晚上9 ～ 10时是蚰蜒集中活动时期，这时可进行人工捕捉。

3.食用菌病虫害综合防治

食用菌病虫害较多，生产中应遵循以农业措施防治为主、药剂防治为辅的防治方针，利用农业防治、物理防治、生物防治、化学防治等进行综合防治，在防治策略上以选用抗病虫品种，合理的栽培管理措施为基础，从食用菌栽培的整体布局出发，选择一些经济有效、切实可行的防治方法，综合利用各种资源，建成一个较完整的有机的防治体系，把危害损失降低在经济允许的指标范围内，以促进食用菌健壮生长，高产优质。食用菌病虫害的综合防治包括以下几方面环节。

（1）选用优质菌种。栽培食用菌，选用优质菌种很重要。无论是棉籽壳、粪草料菌种还是谷粒及其他材料菌种，总要求是菌种纯正、适龄、生命力强，不带病虫类。同时，还要求适时播种，适当加大菌种用量。

（2）卫生措施。环境卫生是预防病虫害的基础，良好的卫生环境可以减少病虫杂菌的滋生蔓延，提高化学防治效果，这是生产上一个重要环节。①栽培场所的清洁卫生。菇房、菇场、菌种培养室、接种室等场所及周围环境，应经常打扫，将垃圾、废弃物、废料及污染物等清除干净。②废料处理。每次生产结束后，应及时将废料、废物清除，菇房地面和菇床应彻底清扫和冲洗。不可将废料堆于房内或附近，这样会使杂菌和病虫滋生蔓延，给以后的生产带来不良后果。③防虫措施。菇房、培养室等应装有防止害虫进入室内的纱窗。周围场地有条件时应种植树木花草，既美化环境，又能净化空气。

（3）药剂防治。栽培食用菌，只有在万不得已的情况下，才用药剂防治病虫害。出菇、出耳以后使用药剂，更要经过慎重选择，既不能影响食用菌正常发育，又不能留有残毒，影响食用。①杀真菌药剂。食用菌的病害多数是由真菌引起的，可采用多菌灵、苯菌灵、托布津等药剂防治。但是在培养料中拌用、覆土前后及出菇前后喷用时，其药品、剂量、浓度等应按规定慎重选择。②杀细菌药剂。适合于杀灭细菌的药剂有多种，漂白粉（次氯酸钙）采用较为普遍。若局部发生较严重的细菌性病害，可考虑采用抗生素，如链霉素、青霉素等。③杀害虫药剂。对螨类或蛆类害虫，在出菇前发生时使用二嗪磷比较理想；出菇后发生时则使用除虫菊酯、鱼藤精等较为合适。培养料或菇房发生虫害时使用氨水熏蒸效果较好。氯氰菊酯、甲氨基阿维菌素苯甲酸盐、哒螨灵等都是较理想的杀虫剂、杀螨剂。

（4）改变环境因子。食用菌病虫杂菌发生程度在很大程度上取决于各种环境因子。当环境条件有利于食用菌生长发育而不利于病虫杂菌发展时，食用菌生命力旺盛，抗性强，病虫杂菌就不易发生甚至不能发生；反之，病虫杂菌便会乘虚而入，迅速发展。因此，在食用菌栽培管理工作中，尽可能创造利于食用菌生长发育的环境条件。

四、食用菌原料林营造与利用技术

（一）食用菌专用林丰产培育

食用菌生产周期短，原料需求量大，就要求食用菌专用林具有高产、优质等特点。即采取系列配套技术措施，营造高密度、短轮伐期、速生丰产的食用菌原料林。

食用菌专用林应选择立地质量较好的林地，以达到预期目的。同时，造林树种必须根据造林地实际情况和适地适树的原则进行选择确定。

1.高密度栽培树种

（1）光皮桦。光皮桦（图37）作为培育短轮伐期（3～4年采伐利用）食用菌原料林，其造林密度一般为常规造林密度的2～3倍，以1.5米×1.5米株行距比较好，即每亩* 用苗290株左右，其树高和胸径在3

* 亩为非法定计量单位，15亩=1公顷。

图37　光皮桦

年生时均达生长高峰，4年生后生长量开始下降，作为短轮伐期食用菌专用林，选择最佳造林密度，可达到速生丰产的效果。

（2）桤木。桤木（图38）作为培育短轮伐期（5～6年）食用菌原料林，其造林密度一般为常规造林密度的2倍，以2米×1.1米株行距为宜，即每亩用苗303株左右。在立地条件好、经营措施集约时适当增加造林密度，同样可以获得丰产。

图38　桤　木

（3）枫香。枫香（图39）作为培育短轮伐期（5～6年）食用菌原料林，其造林密度一般为常规造林密度的2～3倍，以1.5米×1.5米株行距为宜，即每亩用苗290株左右。枫香可与闽粤栲混交，可取得更好的造林效果。

图39　枫　香

（4）任豆树。任豆树（图40）作为培育短轮伐期（4～5年）食用菌原料林，其造林密度一般为常规造林密度的3倍，以1.5米×1.4米株行距为宜，即每亩用苗320株左右，可达到预期目的。

图40　任豆树

（5）闽粤栲。闽粤栲（图41）作为培育短轮伐期（5～6年）食用菌原料林，其造林密度一般为常规造林密度的2倍，以1.5米×1米株行距为宜，即每亩用苗450株左右。闽粤栲与桤木混交（5 ∶ 1）可取得更好的造林效果。

图41 闽粤栲

（6）酸枣。酸枣（图42）作为培育短轮伐期（3 ～ 4年）食用菌原料林，其造林密度一般为常规造林密度的3倍，以1.5米 × 2米株行距为宜，即每亩用苗220株左右。酸枣与胡枝子混交可取得更高的生物量。

图42 酸 枣

（7）桉树。桉树（图43）作为培育短轮伐期（3～4年）食用菌原料林，其造林密度一般为常规造林密度的2倍，以1.5米×2米株行距为宜，即每亩用苗230株左右，并可采取矮林作业方式经营3～4次，以实现短轮伐期的目的。

图43　桉　树

（8）胡枝子。胡枝子（图44）作为培育短轮伐期（2～3年）食用菌原料林，其造林密度一般为常规造

图44　胡枝子

林密度的2倍，以1米×1米株行距为宜，即每亩用苗600株左右，并施用必要的基肥，以充分发挥其速生快长优势。

2.短轮伐期经营

木生食用菌原料，不要求太大的径级，一般4～10厘米便可，其基本要求为培育周期短、产量高、效益好。当今，世界上工业原料林一般轮伐期为15年，具体分为3种，即超短轮伐期（1～3年轮伐）、中短轮伐期（5～10年轮伐）和短轮伐期（12～15年轮伐）。这些都为食用菌原料林的培育提供了很好的借鉴，故规划食用菌原料林，也应分别不同树种，提出不同的轮伐期要求。有些速生树种可以3～5年轮伐（桉树、任豆、泡桐等）；有些树种可以5～8年轮伐（闽粤栲、光皮桦、枫香等）；若结合中小径材培育，最长也要争取在8～10年内实行轮伐。长、中、短结合，才能不断提供食用菌原料，保证食用菌生产的持续发展，加速林业资金的周转，提高广大菇农造林的积极性。

3.速生高产措施

规模经营的食用菌原料林，要求技术措施系列组装配套。对不同培育树种，从良种繁育（遗传育种、遗传改良、抗性育种、引种驯化）、良种壮苗、苗木供应、造林技术、抚育管理等方面形成科学的栽培制度。即因地制宜、分区指导、分类经营，采用先进科学技术，实施速生丰产林培育，达到高产、优质、高效的培育目标。

食用菌原料林，应选择交通条件较好、劳力资源充足、林农经验丰富的产区经营菌材两用林。两用林营建技术，宜采用人工营造与人工促进天然更新等方法，即在同一林地培育食用菌原料与工业用材林，达到长短结合，提高经济效益。其作业方式，采用中层间伐，即保留林分中最上层的Ⅰ级木培育大径级工业材；间伐Ⅱ级木作为食用菌材，保留Ⅲ级幼树作为二层木，以形成复层林冠。造林后3～5年，可以利用间伐和疏伐生产食用菌原料；造林后8～10年皆伐，主干可作为小径材出售，采伐剩余物和加工剩余物可作为木生食用菌的栽培原料。综合利用森林资源，可进一步提高人工林的经济效益。

(1) 良种壮苗。当前食用菌专用林良种壮苗工作应抓好以下5个方面：①育苗种子应多选用母树林或优良种源区优良林分的种子。②尽快建立全省统一的食用菌专用林造林树种种苗质量标准。③严格控制大田育苗定苗密度和产量，定向培育壮苗。④对主根发达，侧根、须根少的树种，如壳斗科树种，采用自然切根的塑料容器杯培育壮苗。⑤利用食用菌原料林造林树种具有容易无性繁殖的特性，选择优良种源区内优良林分的优良单株，或通过有限的种子育苗，挑选超级苗或一级苗，通过扦插或组织培养等无性繁殖的方法大量培育扦插苗或组培优质容器壮苗。

(2) 混交技术。营造食用菌专用林要根据种间竞争关系和生态位关系以及树种的生物学特性、生态学习性进行树种选择搭配。选择在形态和生态方面有一定差异、能互利共存、相互促进的树种进行混交，以达到预期效果。可选择常绿树种与落叶树种混交，宽冠型树种与窄冠型树种混交，深根性树种与浅根性树种混交，阳性树种与阴性树种混交，喜肥树种与固氮树种混交等。

混交方法和混交比例是调节混交树种种间关系的重要技术措施，它直接影响混交林的混交效果。混交方法和混交比例必须根据混交树种的种间竞争关系、生态位关系和生物学特性、生态学习性、试验调查结果和专家意见及经验进行科学研究论证。

混交树种，要多选用含根瘤和菌根的树种，如枫香、光皮桦、桤树、相思树、银荆、黑荆等，以维持和提高地力，提高林分生长量。

（3）造林密度和种植点配置。造林密度必须根据树种特性、培育目标、材种规格、主伐年龄和立地质量等进行确定。食用菌原料林培育目标为小径材，加上轮伐期短，因此其造林密度比一般用材林大20% ~ 30%。

林木的边缘效应（或边行生长优势）是一个普遍存在而未被重视的自然规律。要科学地进行种植点配置，以充分利用和发挥林木的边缘效应。为充分发挥林木边缘效应，种植点配置应采用非均匀式三角形配置，即采取株距与行距为不等距的三角形配置。研究表明，东西方位边缘效应优势较其他方位大。因此，若造林地坡向为东向或西向，则行距应大于株距；若造林地坡向为南向或北向，则株距应大于行距。

（4）定向培育技术。营造食用菌原料林应根据食用菌产业对材种规格的要求，设计科学的造林模型和集约经营技术措施，进行定向培育，以最大限度提高目的材种的产量和经济效益。据试验、调查，食用菌产业用材胸径一般以4 ~ 10厘米为宜。因此，食用菌专用林培育目标可确定为小径材。主伐年龄应根据培育目标、树种特性和经济效益等进行确定。胡枝子当年栽植，当年即可采伐利用，任豆树主伐年龄为2年，黑荆、银荆、木油桐等主伐年龄为3 ~ 5年，其余树种主伐年龄一般为8 ~ 10年。

（5）施肥技术。苗木施肥是速生丰产林培育的一项关键技术措施。营造食用菌原料林应科学合理施用基肥和追肥。据试验调查表明，以下施肥方案对枫香、光皮桦、酸枣、醉香含笑、鹅掌楸、乳源木莲、米槠等食用菌原料林生长影响效果十分显著。挖穴回土时尽量多回填表土，每穴施钙、镁、磷肥250 ~ 800克/株作基肥。立地质量等级Ⅱ、Ⅲ级的，当年5 ~ 6月结合幼林抚育追施尿素100克/株，立地质量等级为Ⅰ级的，回土时多回表土，并施足基肥，当年可不再追肥，翌年3 ~ 4月追施尿素150克/株。

施肥方法也是影响施肥效果的重要因素。施基肥时应将肥料施入穴底，并与回填的表土充分搅拌均匀。施追肥应采用沟施方法，施肥沟一般要在苗木坡上部挖，坡度较陡的地段施肥沟可改在苗木左右两边挖，施肥沟要在树冠投影之外和苗木根系之外挖，以免损伤根系。肥料与土壤要充分搅拌均匀，施后应立即覆土，以提高施肥效果，促进林木生长。

（6）栽植技术。据试验调查，苗木栽植时做到以下4点，造林成活率可提高10% ~ 20%，生长量可提高10% ~ 30%。①适当修剪。将苗木下部2/3 ~ 4/5的枝叶全部剪除，叶片较大的树种，如闽粤栲等，再将其上部1/5 ~ 1/3的叶片每片修剪1/2，若造林时天气干旱，可将全部枝叶剪除。②根系打足黄泥浆，苗木根系应打足加磷肥（3% ~ 5%钙、镁、磷肥）或生根粉的黄泥浆。③假植。若苗木一时栽不完，应选阴凉地方将苗木进行假植，并遮阴保湿。④栽植时确保根系舒展，适当深栽，压实，最上面盖一层松土保墒。

（7）幼林抚育技术。据试验、调查，食用菌专用林幼林抚育，当年5 ~ 6月采用块状（1米^2）锄草松土、扩穴抚育，8 ~ 9月采用全面劈草抚育，翌年块状锄草、扩穴抚育一次，不但用工少，而且可防止水土流失，对提高成活率和林木生长量效果显著。

（8）更新技术。食用菌专用林造林树种萌芽力很强，可持续萌芽更新多代。据试验、调查，其萌芽能力与采伐季节、伐根高度和伐桩断面关系密切。为促进萌芽更新，砍伐季节宜安排在冬季至春季顶芽萌动前。伐根高度越低越好，一般控制在5厘米以内，最好用锄头把根兜周围土扒开，使伐根尽量贴近地面，这样便于控制萌芽数量，萌发有力，而且可避免风折。采伐后进行炼山清理，可以降低萌芽部位，促进萌条生长。不要用斧头伐木，以免伐桩断面呈凹形，容易积水，常造成伐桩腐烂，影响萌芽，因此采伐时最好采用弯把锯或油锯伐木。

萌芽更新第一年6 ~ 7月应劈除多余的萌芽条，每一伐根只选留1 ~ 2根健壮的萌芽条。留条的原则是："留上（坡）不留下（坡），上（坡）无苗留两边，留条部位越低越好"。劈除多余萌芽条后，选留的萌芽条基部要进行培土，避免再次萌芽，促进新的独立根系形成，避免风折，促进保留的萌芽条快速生长。有条件的地方，可结合培土，追施尿素100 ~ 150克／株，则效果更好。

萌芽更新时常会有一些伐桩不能萌芽，造成缺株而影响密度，可用大苗及时进行补植。

4.立体经营

所谓立体经营，是指林木栽培过程中对营养空间的立体利用。由于不同树种对光照度的需求及可见光波长的适应范围不尽相同，这就产生了不同树种分层利用光照条件的可能性。林木培育全过程时间较长，如何开展立体经营、多种经营的复合栽培，以短养长，以林养林，广开财路，增加收益，是培育食用菌原料林一个十分现实的问题。现代林业在林木栽培上开始打破群落结构上单一乔木的局限，出现乔灌、林农、林果、林牧、林药等多种立体经营模式。食用菌原料林在发展立体经营、多种经营等各方面也同样有广阔的前景。目前，菌用林有套种砂仁、白术、仙人草等药材或经济作物。

（二）食用菌原料林树种的优选

我国菇农很早就精于树种的识别，但何种树种适用于食用菌生产及其栽培特性从不对外泄露。据考证，砍花法生产香菇的常用树种有100余种，多属壳斗科、金缕梅科和杜英科，主要有山杜英、米槠、麻栎、枫香等16种。菇农所选树种材质坚硬、树龄大、耐腐朽，以达到一年砍花、多年出菇的目的。另据统计，我国食用菌段木栽培的适宜树种有148种以上，仅福建省就有77种灵芝栽培的适生树种，分属20科42属。

近年来，短轮伐期菌用林树种的选择与研究受到了重视，学者对浙江省庆元县22种菇木树种进行对比试验，认为鹅掌楸、南酸枣和山杜英等可作为浙南山区的重点推广树种。另有学者基于浙江省温州地区特有的气候条件，提出可引入黑荆、海南石梓、构树等外来树种作为袋栽香菇的较为理想原料。福建省针对速生阔叶树种袋栽香菇开展了树种选择试验，发现檫树、南酸枣、醉香含笑、拟赤杨栽培的香菇品质好、产量高。樟科树种含有芳香性杀菌物质，历来为食用菌栽培所忌讳，但有学者认为以对樟科树种檫树为原料栽培食用菌可获得较好效果，通过对木屑作适当处理，不仅污染率低，而且香菇产量高、单菇品质优。此外，近些年利用桉树、杉木、油桐等树种栽培香菇获得成功，从而打破了香菇树种的禁区。短轮伐期菇木树种的优选与香菇砍花法树种有很大的不同，除具备速生、高产、萌芽力强、生态适应性广等特性外，所产木材还应适合培育优质、高产的食用菌。根据各地各种阔叶树人工造林的成功经验，以福建省为例，建议鹅掌楸、山杜英、米槠、细柄蕈树、枫香、光皮桦、南酸枣、乳源木莲、醉香含笑、银荆、任豆树、拟赤杨等作为菌用林基地建设的优先发展树种，这些优选的菇木树种可供周边省份参考选用。

适于木生食用菌生长的树种有很多，它们对木生食用菌亲和力强。其中，比较速生且萌芽力强的有壳斗科的黎蒴、米槠，金缕梅科的枫香，杜英科的山杜英、猴欢喜，大戟科的木油桐、山乌桕，安息香科的拟赤杨，桑科的构树，五加科的鹅掌柴，豆科的胡枝子等。选择树种除了要求速生丰产、伐桩萌芽力强以外，还必须遵循以下4个原则：一是要适地适树；二是林木种源比较丰富且育苗造林技术基本过关；三是遗传上不仅具有单株优良性状，重要的是能保持群体林分生长的一致性和稳定性；四是符合食用菌原料林的经营目的，根据不同种类的木生菌分解木质原料能力的强弱，选择不同木材密度的树种。

作为短周期食用菌原料林造林树种必须符合以下3个基本条件：①速生丰产；②萌芽力强，能实行短轮伐期多次采伐，并天然更新；③含氮量高，使培育的食用菌产品的产量、质量、风味俱佳。据调查，符合上述3个基本条件的主要树种有：枫香、光皮桦、酸枣、醉笑含香、鹅掌楸、山杜英、乳源木莲、黎蒴、丝栗栲、米槠、苦槠、罗浮栲、尾巨桉、细柄蕈树、相思树、米老排、黑荆、银荆、山乌桕、木油桐、胡枝子、任豆树等20多种阔叶树种。通过试验、调查，并根据培育食用菌的种类（如香菇、白木耳、黑木耳等）而从中选择不同的树种。

（三）人工促进天然更新定向培育菌用林

人工促进天然更新定向培育菌用林是一种低投入、高产出，社会、经济和生态效益俱佳的经营模式，对于以壳斗科树种如米槠、栲树、闽粤栲等为主的常绿阔叶林最为有效。据报道，在福建省屏南县天然阔叶林伐后迹地上开展人工促进更新培育菌用林，年立木蓄积量达1.01米^3/亩，高于同期人工林3倍以上，而营林成本则为新造林的1/3 ~ 1/2，并可提前10 ~ 15年收获。早在20世纪80年代中期，福建省顺昌县李元红先生率先提出可通过人工促进天然更新途径快速地恢复天然阔叶林资源，其后做了大量的研究调查，总结出一套行之有效的经营方法。这一阔叶林资源培育技术已经成熟，在福建省的顺昌、尤溪等地和南方许多省份推广应用，效果显著。人工促进天然更新技术的原理和要点是：对于伐前林冠下有200株／亩以上乔木树种且分布均匀的天然阔叶林，皆伐或择伐后严禁炼山并封禁，1～2年即可恢复成林，并经适当的人工促进措施如适时的透光伐和生长伐，或伐去非目的树种等，便可按培育目标实施定向培育。通过人工促进天然更新，11年生和17年生的人促米槠林每年立木蓄积量分别高达1.07米^3/亩和1.4米^3/亩。8～10年生的人促闽粤栲林的立木蓄积量更高，每年达1.5米^3/亩。可以认为利用壳斗科树种营建菌用林基地时不宜采用人工新造的培育方式，而人促技术是一种更为有效的途径。对于应用人促技术培育的菌用林，可连续多代作业，二代人促闽粤栲林的生产力虽低于一代人促林，但仍能保持较高的生产力。

因对森林资源的过度开发，我国南方存在着大量的各类残次林，对于这类残次林同样可运用人促技术进行定向改造培育菌用林。对有更新希望或改造前途的残次阔叶林宜采取抚育间伐、补植造林等措施，条件不具备的可封山育林。对于松、杉残次林，若林下具有丰富的菌用林树种，可创造各异的人工林窗，促进林下目的树种的生长；若菌用林树种缺乏，可通过调整林分密度，依据物种生长对策和生态位适当分离原则引入优良菌用林树种。在杉木林冠下营造细柄蕈、马尾松，林下种植山杜英和闽粤栲等效果良好，可达到培育菌用林和提高森林生态功能双重目的。

（四）食用菌原料林的人工营造

食用菌原料林是继造纸、栲胶工业原料林之后推出的一种生物原料林。到目前为止，在阔叶树人工造林领域还缺乏比较成功的经验，普遍存在种子来源少、育苗难度大、造林成活率低等问题，因此人工营造食用菌原料林至今还处于小规模试验性阶段，尚未大面积开展。要实现食用菌原料林基地多样性、规模性、长期性、效益性经营，必须解决种源、苗木和造林技术等问题。除了选择一些种源比较丰富、育苗造林技术已经成熟的树种，如木油桐、油桐、山乌桕、构树、相思树和胡枝子外，对一些优良的乡土树种如栲树、拟赤杨等，通过建立种子园和挖取阔叶树幼苗移植等办法解决种苗问题。解决种源紧缺的另一条途径是大力推广无性系繁殖，如扦插育苗和组培等。枫香萌芽条生根力很强，可建立枫香采穗圃扦插育苗。大多数阔叶树种主根发达，侧根稀少，裸根苗造林不易成活，大面积造林要采取容器育苗，宿土造林，提高造林成活率。

与其他工业原料林一样，集约经营、短期轮伐亦是食用菌原料林的经营措施，要达到这一目的，除了树种本身具有速生的特性外，造林技术上做到高投入、高密植，要求立地条件较好；整地要细致，采取挖穴施基肥和对幼林进行抚育施肥的办法促进林木生长，达到高产出目的。造林密度为常规造林密度的2～3倍，视不同树种、立地条件，一般以300～360株/亩为宜。

（五）食用菌原料林的丰产栽培

由于逐渐认识到阔叶树资源培育的重要性，近10年来南方诸省份在乡土阔叶树种质资源发掘、基本生物学特性研究、育苗和基地造林等方面做了大量工作。但从总体上说，阔叶树研究工作还相当薄弱，阔叶树利用和研究方向不明确，资源分散，采种困难，育苗和人工造林技术不系统、不成熟，人工造林不成规模。

与利用针叶树种造林不同的是，多数阔叶树种对立地要求甚严，难以形成纯林的规模经营。在上述建议发展的树种中，鹅掌楸、光皮桦等在肥水较好的立地上可以纯林经营。据报道，粗放经营的密植型3年生鹅掌楸菌用林，鲜枝干产量达1.55吨/亩，可生产袋栽鲜香菇2.65吨/亩；在较好立地上鹅掌楸山地纯林经营非常成功，8年生造林密度如为110株/亩和160株/亩，则其立木蓄积量分别为7.96米^3/亩和9.56米^3/亩；15年生鹅掌楸人工林立木蓄积量高达7.41～8.28米^3/亩。光皮桦是新近发掘的优良乡土树种，适应性很强，从现有栽培结果来看，光皮桦也可以纯林经营，5年生的林分平均树高和胸径分别达到5.5米和4.3厘米。

针对短轮伐期菌用林的培育目标，纯林经营时可适当密植。有学者认为银荆、南酸枣的栽植密度以267 ～ 400株／亩为宜，山杜英、鹅掌楸栽植密度以400 ～ 600株／亩为宜，造林后5 ～ 6年进行采伐，生物产量在6.67吨/亩以上。然而若段木制菇，应降低初植密度，以大、中径材为培育目标。

已有造林试验证实，许多菌用林树种尤其是常绿阔叶树种在纯林经营下生长较缓，而与松、杉等混交生长良好，可通过针阔混交达到培育菌、材兼用林的目的。根据天然阔叶林种间关系的研究，有理由认为选择适合的多种菌用林树种进行混植可以达到速生高产的目的，然而有关多树种混植技术及其丰产机理的研究还较少。

田头地角、房前屋后等四旁零星散种菌用树木是一个非常好的菌材培育模式，易为广大菇农接受。在浙江庆元和福建寿宁等地这一模式经营得很成功，值得各地借鉴。

（六）食用菌原料林的利用

培育食用菌原料林的目的，是在不破坏常绿阔叶树资源的情况下，源源不断地提供栽培木生食用菌的优质菌材，达到有效地保护和合理地利用常绿阔叶树资源的良性循环。短期轮伐或常年择伐利用是食用菌原料林的主要经营模式，只有这样才能实现永续利用。

1.轮伐期的确定

人工营造的食用菌原料林轮伐期根据不同树种、不同造林方式以及不同用途而定。据调查，10年生的闽粤栲、枫香及6年生的木油桐人工林，平均胸径分别达到11.3厘米、12.2厘米和10.2厘米，平均树高可达10.7米、10.9米和9.6米。根据香菇、木耳的段木栽培对段木口径和生长年限的工艺要求，栽培香菇要求段木的口径5～20厘米，树龄8～15年为宜；栽培木耳要求段木的口径4～12厘米，树龄6～10年为宜。由此可以确定，菇木树种中的闽粤栲、枫香、栲树等的轮伐年限为8～10年；耳木树种中的木油桐、构树、鹅掌柴、胡枝子等的轮伐年限为6～8年，采取皆伐或达到年限后逐年择伐，伐后采取人工抚育促进萌芽更新。

2.木材的采运、利用

采伐下来的林木，随即砍去枝桠和树梢，根据食用菌栽培要求，凡是口径5厘米以上的树干都截成1～1.2米长的段木，并尽快集中搬运到堆场堆垛整齐，用草帘盖住，防止风吹雨淋和阳光的暴晒。在搬运段木时，要特别注意保护段木的树皮完整和外表干净，绝不可使段木碰伤树皮或涂满泥土。砍树搬运宜在晴天进行。山场树梢、枝桠等剩余物应及时收集，加工成木屑用于木屑栽培原料。

（七）菌用林采种基地建设

近30年来我国林木良种工作取得重大进展，如杉木、马尾松等用材林基地建设已实现初级良种化，然而对一些优良乡土阔叶树种的种苗基地建设工作有所忽略。多年来“砍阔栽针”的结果使得优良阔叶树的采种林分稀少难觅，不少阔叶树种零星散生于深山之中，采种极为困难。鹅掌楸、光皮桦、乳源木莲、任豆树等树种虽已建立了一定面积的母树林和采种林分，但每年供种量有限。发展菌用林基地，种苗是关键。对一些重要菌用林树种，可首先开展种质资源的调查和研究，选择保存完好的天然阔叶林作为固定采种基地，或进行一定强度的经营，如伐除非目的树种和劣等母树，促进开花结实以作为母树林经营。其次可将一些树种的人工林直接改建成母树林，福建省的一些县（市）在这方面做得较好。一些菌用林树种如鹅掌楸、光皮桦、南酸枣等已开始了零星的良种选育工作，对于菌用林的优质高产和持续经营具有重要意义。但多数菌用林树种的良种工作还未引起足够的重视，也未提到议事日程上来。

食用菌原料林基地的布局要根据不同地区树种分布情况以及该地区适于某种菌类生长的气候、自然环境条件等进行合理的规划。如闽西北山区是香菇主产区，以建立菇木原料林基地为主，选择闽粤栲、枫香、拟赤杨、丝栗栲等树种；闽东南山区和中部地区，除了古田、屏南和闽侯北部山区具有类似闽西北山区的树种分布、气候条件宜建立菇木原料林基地外，其余沿海县区以建立耳木基地为主，选择木油桐、山乌桕、构树、鹅掌柴、胡枝子等树种。

食用菌原料林基地的建设，要立足于规模性、长期性和连续性，应纳入年度造林计划，按工程造林技术标准进行造林规划设计和施工作业设计。我国林木生产体系和行政管理体系较为庞大，有国营林场和采育场、县（乡）办林场和乡镇林业工作站等不同级别，国营林场、采育场拥有一大批专业技术人员，技术力量雄厚，要发挥技术优势和土地资源优势，起龙头作用，带动县乡办林场，推行营造食用菌原料林基地，有条件的林场、采育场可根据经营规模和生产能力，划出一定面积的基地用于培育食用菌原料林，使之逐步成为发展木生食用菌生产的骨干力量和木质原料加工供应体系。

（八）菌用林发展的技术对策和研究重点

食用菌原料林如同纸浆林一样，是一种非常集约经营的工业原料林，需要有效的科技支撑。菌用林主要以高生物产量为培育目标，以选择优良的菌用林树种，采用相应的培育模式及集约的经营措施作为达到这一目标的主要技术手段和对策。

对于上述建议优先发展的菌用林树种，可根据各树种的基本生物学特性和生态学特性，遵循因地制宜、适地适树的原则，采用不同的培育模式达到菌用林的优质高产。优先推广应用天然阔叶林的人工促进天然更新和天然阔叶残次林的定向改造培育菌用林的经营模式；在食用菌产区选择交通方便的林地。在一些地方还可考虑推广菌用林树种的零星散种及通过针阔混交发展兼用林这两种经营模式。推广应用已有研究成果时，从各地的实际情况出发，以乡镇或县市为单元，建立不同树种组成、不同混交形式、不同更新类型和不同采伐利用方式的菌用林示范园区，并及时总结经验，通过办培训班、开现场会等多种形式，推广优选树种和优选模式。

自20世纪80年代后期以来，国家林业局、福建和浙江等省先后将食用菌原料林培育技术列为重点或重大研究课题，都取得了一些阶段性成果。然而这些研究仅是一个好的开端，尚有许多研究领域还未涉及。根据菌用林发展方向和存在的主要技术问题，今后可有侧重地开展以下研究。

1.主要菌用林树种的良种选育和扩繁技术研究

选择鹅掌楸、光皮桦、枫香、山杜英、闽粤栲、南酸枣等重点树种，首先进行优良种质资源的调查研究，建立采种林分和母树林，其次开展地理种源试验，通过选择建立种子生产群体，并加强这些树种的无性扩繁技术研究。

2.菌用林的育苗技术研究

许多菌用林树种缺乏开花结实和育苗技术的系统

研究，影响优质种苗的大量供给。应首先开展生殖生物学的研究，包括开花结实规律、影响种子产量和品质的主要限制因子、种子贮藏和发芽等。因多数阔叶树种实生苗的根系不发达，应加强育苗技术、菌根应用技术、造林前苗木处理技术等研究，以提高造林成活率和林木的早期生长量。

3.林冠下造林技术和多种菌用林树种混植技术研究

虽然已有一些林冠下造林技术的研究报道，但该技术远未成熟。马尾松天然次生林和退化杉木人工林是我国亚热带地区最大的退化森林生态系统，可将菌用林培育与退化生态系统恢复有机地结合起来，加强松杉林冠下造林技术的系列研究，包括菌用林树种选择配置和造林技术以及退化林分的密度调整技术等。前面已提到多种菌用林树种混植的问题，该领域较少有人涉及。今后应布设这方面的试验林并跟踪调查，研究树种间的相互关系及对菌用林生产力的影响。

4.二代菌用林萌芽更新技术的研究

低投入、高产出是菌用林经营的原则，要求新造的菌用林能多代经营。二代菌用林萌芽更新技术是一个较薄弱的研究领域，应从采伐季节、采伐强度、伐根高度、萌芽条去留以及抚育管理等方面加强对二代萌芽林更新与持续高产关系的研究。

五、林下食用菌栽培实例

林下食用菌栽培管理技术主要依据菌种类型不同并在衔接时间上有所变化，不同区域可以根据当地的气候资源、林地资源、经济状况和技术水平选择合理的菌种类型、栽培模式进行林下栽培食用菌，从而实现林下食用菌周年化栽培，取得最佳的经济收益和生态效益。

华中地区，可以将一年大致划分为3～6月、7～10月、11月至翌年2月3个阶段。不同阶段可以选择不同菌种（区域不同，时间稍有调整）。如6～9月的高温期可以选择高温型食用菌（高温香菇、草菇、毛木耳、高温平菇）进行栽培，10～12月的低温期可以选择低温型食用菌（低温香菇、鸡腿菇、杏鲍菇、低温平菇等）进行栽培，注意合理安排时间，高温型品种出菇结束后，可改换其他适宜品种，继续栽培管理，进而实现周年化生产。下面详细介绍几种常见林下食用菌栽培技术。

（一）林下香菇栽培技术

香菇是一种木腐菌，因其特有的香气而备受民众喜爱，目前在世界各地均有栽培。

1.生长发育条件

（1）营养。香菇生长需要的营养成分主要是碳水化合物、含氮化合物（有机氮、铵态氮）和少量无机盐、维生素等。香菇不同生长阶段对碳氮比要求不同，菌丝营养生长阶段，碳氮比以（25 ~ 40）：1为宜，而生殖生长阶段以60：1为宜，因此在培养料配制中，要合理添加碳源和氮源。碳源过多，易使培养料酸碱度下降过快，菌棒易烂；氮源过多会引起菌丝徒长，不利于过渡至生殖生长阶段，并出现畸形菇。在菌丝的生长发育阶段添加维生素B_1、腺嘌呤和胞嘧啶，可以促进菌丝的生长。

（2）水分。在培养料制作和管理过程中，水分的把控较为关键。短期缺水香菇菌丝会处于休眠状态，长期缺水会引起菌丝死亡，且不同发育阶段对水分的要求不同。锯木屑培养基中菌丝体生长的最适含水量为55% ~ 60%，菌丝生长阶段，空气相对湿度达60% ~ 70%为宜，空气相对湿度为80% ~ 90%有利于出菇。

（3）温度。香菇是低温和变温结实性菇类，其担孢子萌发的适宜温度为22 ~ 26℃，对高温的抵抗力弱，对低温的抵抗力较强。香菇菌丝发育的温度为5 ~ 32℃，最适温度为24 ~ 27℃。低温菌丝发育缓慢，超过25℃菌丝生长速度迅速下降。适时给予温湿差刺激可有效促使香菇整齐发生。香菇原基在

8～21℃条件下分化，分化最适宜温度为10～12℃；子实体在5～24℃发育，最适宜温度为8～16℃。在恒温条件下，香菇菌丝可形成“爆米花”状原基，但不能发育成子实体，因此要了解香菇品种，低温品种在低温条件下菇体质量好，而高温品种则在高温条件下出菇良好。

（4）空气。香菇是好气性真菌，培养过程中需要足够的新鲜空气。空气不流通、氧气不足，会抑制香菇菌丝的生长和子实体发育，严重时会导致菇体死亡。

（5）光照。香菇是一种需光性真菌，不同生长阶段对光照要求不同。在菌丝体生长阶段完全不需要光照，在黑暗条件下生长最快，菌丝培养的中后期，需要一定的散射光，而子实体的分化和生长发育则需要光照。

2.栽培时间

香菇林下栽培的季节可根据不同区域的气候条件进行调整。华中地区一般可选在12月至翌年3月装袋接种，生产菌棒。此时气候寒冷干燥，杂菌较少，可有效减少污染机会提高成功率。1～5月为发菌培养阶段，出菇期为5～9月。菌棒在5月初出菇，确保发菌期气温较低，转色期处于最佳的温度，保证正常转色出菇。

3.栽培方法与管理

香菇培养料以硬杂木屑、棉籽壳等为主料，以麸皮、米糠等为辅料，装入塑料袋内高温灭菌后进行发菌出菇。林下香菇夏季生产要选择高温型品种，如931等品种。

（1）菌棒制作与配方。运作模式采用集约型工厂化生产，统一制棒、接种、培养，以降低生产风险。菌棒制作采用圆盘自动冲压装袋机实现搅拌、加水、分料、上料、装袋一体化。

配方：麦麸18%，棉籽壳20%，硬杂木屑50%，细木屑（杨柳木）10%，石膏2%，水适量。

菌棒标准为料柱长度45厘米，重量2.25千克，进行常压灭菌。流水作业时，在棚室内帐式打穴接种。每5人一组，4小时可接种5 000棒。

（2）栽培管理。①春季管理。春季气温逐渐回升，此时主要的工作是养菌和转色。菌棒接种后待菌种吃料，菌棒内菌丝生长半径达3 ～ 5厘米时开始翻垛，以“井”字形排放菌棒，发菌时将温度控制在30℃以下，及时通风换气。经过40 ～ 50天发菌至基本满袋（距袋口3 ～ 5厘米）时要及时将菌棒运入林下拱棚内，香菇菌棒交叉斜靠于床架的铅丝上，菌棒与地面的夹角以不大于15°为宜，菌棒间距10厘米。同时，要采用微孔通气，每棒用小钉刺孔100个左右，孔深0.5厘米，加快生理成熟和袋内转色。②夏季管理。在自然情况下，菌龄80 ～ 90天时转色4/5以上，就可脱袋出菇，脱袋前根据菌棒长势和气候特点进行适当惊菌，力度要掌握好，用大水在早晚重喷2次，连续2 ～ 3天，目的是加大温差刺激和增加空气相对湿度，3天左右袋内可见有菇头露出时，此时要及时脱袋。脱袋后用大水冲洗菌棒一次，洗掉代谢产生的黄水防止霉菌感染并加大温差刺激。以后维持好湿度（用微喷调节）、温度，及时掀棚膜通风换气。正常情况下，菇蕾即可大量发生，当菇盖菌膜拉开，开伞前要及时采菇分级存放，上市销售。出菇期间加强温湿度管理。拱棚的塑料膜白天掀起，夜间放下，利用微喷设施及时喷水降温、增湿，创造一个最高温度在33℃以下、空气相对湿度在80%～90%的出菇环境。一般每天喷水3～4次，中午温度高时应加大喷水次数。遇到阴雨天气，首先，停止或减少注水，以免刺激过大而不利于出菇集中；其次，放下塑料膜以防雨水冲刷菌棒，影响出菇品质。7月由于天气闷热潮湿，加大通风，控制喷水量，以保住菌棒为主。此时极易发生绿霉感染，及时用绿霉净喷洒，即可有效消除杂菌影响。③秋季管理。9月气温逐渐降低，空气温湿度变化较大。当夜间温度低于20℃时，放下拱棚塑料膜，以利保温、增湿。随时掌握天气变化，多风、干燥时增加喷水次数，保证空气相对湿度80%以上，利于出菇。随着菌丝体代谢减缓，养菌时间、出菇时间、出菇过程相对应延长，注水量控制在出菇菌棒重量的40%～50%，以利养菌。当菌棒生产4～5潮菇后，棒体缩小、干瘪，出菇个头小，菇盖薄，说明菌棒养分已耗尽，此时出菇结束。对于到了深秋仍有出菇能力的菌棒，采取移到暖棚内出菇，或翌年温度上升后再出菇，实现菌棒出菇生产最大化。

4.菇体采收与收后管理

香菇在七八成熟时，即菇盖基本展开、菇边内卷呈铜锣边、菌膜没有完全破裂、菌褶露出一部分时为最佳采收时期。采收时选择晴天，避免空气湿度大时采摘。采菇时要一手拿菌棒，一手捏住菇柄，先摇晃几下，再旋转拧起，不要生拉硬拔，避免碰伤周围小菇蕾。第一潮菇采收结束后停止喷水，晾棒一周左右，根据菌棒失水情况往菌棒内注水，使菌棒恢复至原始重量，再经以上管理措施，刺激第二潮菇形成，一般可采4～5潮菇。

（二）林下毛木耳栽培技术

毛木耳是我国主要栽培的食用菌之一，栽培始于20世纪70年代末80年代初。毛木耳朵型大，肉质厚，质地脆嫩，口感好，其中黄背木耳和白背木耳是最主要的栽培品种。毛木耳栽培简便，产量高，产品既能鲜售又能干销，已成为农村致富、农民增收的优势项目，是一种很有发展前途的食用菌。

1.生长发育条件

（1）温度。毛木耳是一种中高温型菌类，菌丝生长温度为20～37℃，适宜温度为25～30℃，超过40℃菌丝停止生长。子实体发生温度为18～34℃，以22～28℃最适宜，在此温度下子实体大量发生，产量高、质量好，其担孢子萌发的最适温度为22 ~ 25℃。

(2) 湿度。毛木耳菌丝体生长要求培养料含水量60%左右，空气相对湿度低于70%。若培养料含水量过高，料底积水，菌丝生长缓慢或停止生长。子实体发育阶段要求较高的空气湿度，出菇房空气相对湿度应为85 ~ 95%，在此湿度下子实体发育快，耳丛大、耳片厚。但空气湿度过高，则易遭受杂菌侵染，引起流耳。

(3) 空气。毛木耳是一种好气性真菌，在生长发育过程中，培养室（棚）内空气新鲜、氧气充足，菌丝生长旺盛，子实体容易形成、伸长和开片。若通风不良，二氧化碳积累过多，菌丝体和子实体生长受到抑制，还会导致杂菌污染。

(4) 光照。毛木耳菌丝体生长阶段一般不需要光照，在耳片原基分化、形成阶段需要一定的散射光。光照强弱对耳片的色质有直接影响，在弱光条件下，耳片色淡，茸毛短、细；光照强，耳片颜色深，茸毛长、粗。

(5) 酸碱度。毛木耳菌丝生长最适pH为6.0 ~ 7.5，pH在4.5以下或8.5以上时菌丝生长势弱，生长速度慢。子实体生长期间适宜pH为5.2 ~ 8.0，最适pH为6.5 ~ 7.0。

2.栽培时间

毛木耳属中温偏高、稳温结实性真菌，较耐寒耐热，菌丝在0℃以下较长时间内不会死亡，在37℃时仍能生长。菌丝生长最适温度为23 ～ 30℃，子实体生长温度为18 ～ 34℃，最适温度为24 ～ 28℃，培育出来的毛木耳产量高，质量好；温度超过30℃，生长快，耳片薄、色红而毛稀；温度低于15℃，耳基形成及分化均十分迟缓。在华中地区11月下旬至翌年3月制种和制袋培养，比较适宜的出耳时间为5月上旬至10月上旬。

3.栽培方法与管理

（1）栽培种配方。①杂木屑68%，棉籽壳15%，麦麸15%，石膏粉1%，碳酸钙1%，pH自然。②棉籽壳50%，杂木屑40%，麦麸8%，碳酸钙1%，石膏粉1%，pH自然。③阔叶树木屑80%，麦麸或米糠15%，玉米粉3%，石膏粉1.2%，磷酸二氢钾0.5%，尿素0.3%，pH自然。

（2）菌袋制作。①拌料。把主料玉米芯、棉籽壳、木屑、麸皮、米糠等倒在水泥地上摊平，再把辅料石膏粉、麸皮、石灰粉等混合均匀撒在主料上，把糖、磷酸氢二铵、磷肥溶入水中，再把水加入料中，搅拌均匀半个小时后即可装袋。②装袋。手工或者机械装袋均可。用聚丙烯塑料袋，规格为50厘米 × 17厘米。装好的料袋必须松紧适度，以用手指轻按不留指窝，手握有弹性为宜。若装袋过松，导致菌丝生长过稀；若装袋过紧，会影响菌丝的生长速度。装好袋的两端都扎成活结，以便接种操作。③灭菌。装料后迅速进入常压灭菌灶内灭菌，100℃保持10 ～ 12小时，注意补水，再继续闷一夜，效果更好。把菌袋从锅内及时取出，运入消过毒的室内或大棚内，菌袋堆放的高度以8 ～ 10个菌袋高为宜，一定要摆放整齐，每排之间相隔8 ～ 10厘米，以便散热降温，菌袋要轻拿轻放，发现菌袋破裂小口时，不要用手摸，用胶带及时粘上，菌袋破裂大口时要将料倒出重新装袋、灭菌。④接种。待菌袋料温降到30℃以下，室内没有明显的气味，接种人员即可进入，先换上拖鞋，用75%酒精擦手，把清洗好的菌种打开袋放好，取栽培袋，解开栽培袋扎口绳，用勺子取菌种放入袋内，尽量撒开，使袋肩部都有菌种，然后扎上袋口。一袋菌种可接种20 ～ 25袋培养料。

（3）发菌。接种后的菌袋放到培养室或大棚培养。发菌室应清洁、避光、冬暖夏凉、易于通风换气、地面干燥。在放菌袋前，对内壁用石灰水粉刷，地面撒石灰粉，空间用二氧化氯等消毒剂喷雾。在培养室地面上用砖排建墙基，把菌袋按“井”字形交错堆叠起来，每堆7 ～ 8层，或将接种后的菌袋堆成墙式。菌丝生长温度为20 ～ 30℃，20℃以下菌丝生长缓慢，24 ～ 28℃生长最快最好，30℃以上又逐渐变慢变弱，如果长时间保持在32℃以上，菌丝能够缓慢生长。具体管理：接种后3 ～ 5天温度应保持在25 ～ 30℃，让菌丝尽快萌发。室内应遮光保温，5天由萌发期转入生长期，袋内料温以24 ～ 28℃为宜。接种后7天内不要翻动，以免杂菌感染，菌袋翻动越多污染率越高。10天后菌丝已占领菌穴，菌丝吃料后菌丝生长直径有1厘米左右时，开始翻袋检查杂菌，发现污染的菌袋要及时处理。若发生螨类、瘿蚊和跳虫等害虫，要定期用炔螨特、阿维菌素制剂、菇净、吡虫啉等药剂稀释液喷洒。一般经过35天左右菌丝可长满袋，即可入林栽培出耳。

4.入林管理

（1）场地与设施安排。一般选在交通便利、用水方便的毛竹林或针叶林作为出耳场所。菌棒的菌丝长满整个袋筒，夜间气温稳定在15℃以上即可开袋。开口时用利刀在每个袋筒上均匀划2行，每行开4个长约4厘米条形小口，深入料内1毫米。开口后菌棒斜靠在铁丝上，注意摆放均匀，每棒之间相隔30厘米，每亩林地可摆放667棒左右。

（2）出耳管理。①耳芽发生期。此期间主要是催芽管理，时间为7～10天。控制出耳温度为18～25℃，开袋后3～5天，待开口处料面有气生菌丝形成后才可轻度喷雾，保持林内空气相对湿度为85%～90%，以促进耳基分化。②耳片伸展期。此时期耳片生长迅速，新陈代谢旺盛，因此要注意补水和通气。耳片小时少喷水，每天早、晚喷雾1～2次即可，喷水时要轻、细，保持空气相对湿度在85%～90%。在耳片较大时，特别是中后期要多喷水，保持空气相对湿度在85%～95%。当耳片长至5

厘米左右，可停水5～7天，使耳片边缘干燥，以增加耳片厚度和达到面黑、背白的效果，然后再加大喷水量，这是耳片增厚的技术关键。当耳片边缘内卷弯曲，即进入生长成熟采摘期。

5.菇体采收

毛木耳要适时采收。过早采收会影响第一潮的产量；过迟采收，不仅质量变差，产量受影响，而且还将延迟下一潮耳芽形成。当毛色已转白，耳片颜色转淡并充分舒展，边缘开始弯曲，呈波浪状，耳边变薄，颜色由紫红色转为褐色时即可采摘。如晒干可一次性采收，便于耳场杀虫与管理，出耳整齐的应一次性全部采收；鲜销或耳片生长参差不齐可采大留小，几天后再一次采净。采耳时可选晴朗的早晨，采后去杂质、耳根和基料，把丛生大朵的分开，易于晒干。采收时一手托住耳朵，一手用利刀从耳蒂处割下，蒂头应采尽，不留原基，以防腐烂污染菌袋，同时防止带料。采收时不可伤害小耳芽。采收前7～10天，应减少喷水，使毛色转白。采收前停水3～5天，当第一潮耳进入成熟期时，在袋口另一端底部开口，这样在第一潮耳采收时，第二潮耳基可提早形成。同第一潮管理，共可收3～4潮耳，鲜耳总生物转化率达120%～130%，优质商品率达80%以上。每潮采收后用刀尖轻轻挖出耳基或采收时将耳片连同耳基一起采下，采下的毛木耳应及时把耳蒂剪干净。

（三）林下平菇栽培技术

平菇含丰富的营养物质，每百克干品含蛋白质20～23克，而且氨基酸成分种类齐全，矿物质含量十分丰富，常食平菇具有增强机体免疫力、改善人体新陈代谢、减少血清胆固醇、降低血压等功效。

1.生长发育条件

（1）营养。平菇是一种木腐性真菌，能利用多种碳源，如醇、糖、淀粉、半纤维素、纤维素、木质素等。这些碳源均可以从蔗糖、棉籽壳、玉米芯、作物秸秆、木屑中获得。平菇所需要的氮源主要有蛋白质、氨基酸、尿素等。平菇生长过程中还需要少量的维生素和无机盐。在人工栽培平菇时，可以加入麸皮、米糠、玉米粉、碳酸钙、磷酸氢二钾、尿素等。

（2）温度。平菇属低温型类，菌丝体生长温度为4～33℃，最适温度为24～28℃；子实体形成温度为6～28℃，最适为12～18℃（不同生态类型的种类有明显的差异）。变温刺激有利于子实体形成。孢子形成的温度为5～30℃，最适温度为13～14℃，其萌发温度为13～28℃。

（3）湿度。在菌丝体生长阶段培养料中的水分以60%左右为宜，而空气相对湿度应保持在70%左右。在子实体生长发育阶段，空气相对湿度要求在85%～95%。空气相对湿度低于80%，则子实体发育缓慢、易干枯；若高于95%，菌蕾、菌盖易软化腐烂。

（4）光照。菌丝体生长不需要光照，光对菌丝生长有抑制作用；而子实体生长需要有散射光刺激，光照度以50 ～ 3 500勒克斯为适宜。

（5）空气。平菇是好气性真菌，需要新鲜的空气。菌丝体生长阶段，若通气不良，菌丝体生长缓慢或停止。出菇阶段若氧气不足，菌柄细长，菌盖变薄变小，畸形菇多。因此，平菇栽培时，应提供足够的新鲜空气。

（6）酸碱度。平菇喜偏酸性环境，最适pH为5.5 ～ 6.0，一般pH在3 ～ 10范围内均能生长。在栽培时，加入2% ～ 3%石灰粉，可以抑制培养料中杂菌的生长，而随平菇菌丝生长，培养料逐渐降至微酸性，平菇在偏碱性范围内也能生长。

2.菌种制作

菌种选用广温型、抗病、高产的江都109或丰抗90。

（1）母种培养基。土豆200克、玉米粉10克、蔗糖20克、蛋白胨5克、琼脂20克、水1 000毫升。制作方法：土豆去皮切成豆粒大小，称取土豆200克、玉米粉10克放入500毫升水中煮沸30分钟，用纱布过滤后取滤汁，加水至1 000毫升，放入蛋白胨、琼脂，继续加热使其融化，加入蔗糖搅拌均后用试管分装（每支试管的装量以占试管容积的1/4 ～ 2/5为宜），然后用棉塞塞住管口。将试管包扎成打，棉塞部分用报纸包好，放入高压灭菌锅内进行灭菌，压强达到0.15兆帕时保持30分钟。待温度下降到60 ~ 70℃时，将试管摆成斜面，冷却凝固后即为斜面培养基。接上菌种，经25 ~ 28℃培养、菌丝长满后即为母种。用母种即可转管、制作原种或生产种。

（2）原种（或生产种）培养基。棉籽壳79%、麸皮10%、玉米粉10%、石膏粉1%，料水比为1 ∶ 1.2。充分拌匀后用聚丙烯塑料袋或用投送瓶装料、封口，高压灭菌1.5小时，待料温降至30℃以下时，在无菌条件下接种、培养。菌丝长满袋（或瓶）后，即为生产种，然后用该种进行栽培。

3.栽培料的配方

（1）棉籽壳93%，麸皮5%，石膏粉1%，蔗糖1%，克霉灵0.1%，料水比为1 ∶ 1.2。

（2）粉碎成蚕豆大小的玉米芯85%，麦糠10%，麸皮5%，克霉灵0.1%，石膏粉1%，料水比为1 ∶ 1.2。

（3）玉米芯85%，麸皮10%，过磷酸钙1%，石灰3%，尿素0.5%，料水比为1 ∶ （1.55 ~ 1.65）。

（4）玉米芯61%，杂木屑10%，豆秸10%，麸皮10%，米面2%，过磷酸钙1%，石灰5%，蔗糖0.5%，尿素0.5%，料水比为1 ∶ （1.50 ~ 1.60）。

（5）玉米芯60%，豆秸11%，花生秧11%，麸皮10%，玉米面1%，过磷酸钙1.5%，石灰5%，蔗糖

0.5%，料水比为1 ：（1.55 ～ 1.65）。

（6）棉籽壳53%，玉米芯40%，麸皮5%，石膏粉1%，蔗糖1%，克霉灵0.1%，料水比为1 ：1.2。

4.栽培料的处理

首先把栽培原料曝晒几天，借助太阳光杀死部分虫卵及杂菌。先将棉籽壳、玉米芯、麦糠、麸皮、石膏粉、水搅拌均匀，再进行堆积发酵。把该培养料做成高1米、宽1.5米、长度不限的料堆，用铁锨柄打气孔后盖上薄膜保温。

平菇发酵料栽培具有生料栽培的工艺简单、投资少及熟料栽培的安全可靠等特点，只要掌握了发酵技术，就可以在不消耗能源、不增加灭菌设备的前提下，以任意规模堆积发酵。发酵料堆积时产生的高温能杀死料中大部分杂菌害虫，而且发酵更利于平菇菌丝发菌，所以利用发酵料栽培是目前平菇生产的发展方向。制作好平菇发酵料，应掌握以下重要环节。

（1）拌料建堆。建堆场所最好是紧靠菇房，要求为水泥地面，并且排水良好，避风向阳，水源干净、便利。建堆时，先将料混合均匀，加足水分至培养料含水65% ～ 70%（将发酵过程中的水分损失计入其中），然后将料堆成宽1.0 ～ 1.3米、高1.0 ～ 1.5米，长度不限，料堆四周尽可能陡一些，建堆时将料抖松抛落。建堆后，用木棒（直径5厘米左右）在料堆上插通气孔，每隔0.2米插一孔，以利通气发酵，然后用塑料薄膜或草帘、稻草等覆盖。

（2）适时翻堆。平菇发酵多在春秋季堆制，建堆后48 ～ 72小时待料温升至65℃时应进行翻堆。发酵期间翻3次堆（上翻下、内翻外），在第三次翻堆后加入克霉灵搅拌均匀即可。翻堆时必须将料松动，以增加料中含氧量，同时把堆中心的料翻出来，四周的料翻入中心，以便培养料均匀发酵，全部发酵过程需6 ～ 8天，翻堆3 ～ 4次。时间不应过长，否则会大量消耗养分；当然，时间太短则发酵不充分，达不到发酵目的。

（3）发酵料质量的检查。在预定时间内（建堆48小时左右）若能正常升温至60℃以上，开堆时可见适量白色菌丝，表示含水适中，发酵正常。如建堆后迟迟达不到60℃，可能培养料过紧过实或因未插通气孔等原因造成堆料通气不良，不利于放线菌生长繁殖。遇此情况时应及时翻堆，将料堆摊开晾晒或增加干料至含水适量，再重新建堆发酵。如果堆料升温正常，但开堆时培养料呈白化现象，水分散失过多，可用80℃以上的热水，拌匀后重新发酵。发酵好的料有芳香味，pH 6.5 ～ 7。

（4）装料接种。平菇是一种好氧性较强的大型真菌，如果氧气不足，会造成袋内缺氧导致菌丝生长慢、易感染杂菌。因此，需要给菌丝生长创造良好的条件——给菌袋大量供氧。具体做法是：栽培袋规格为28厘米 × 45厘米，采用两头出菇的方法，装4层料接5层菌种，接种量为菌袋的15% ～ 20%，边装边压实，装满并扎口后，在菌袋表面打若干孔便于通气。

5.发菌管理

袋栽平菇在温室内具有保温性能好，发菌快等特点，但若管理不当，易造成杂菌感染和烧菌。正如菇农们说的："能否成功在发菌，产量高低在管理"。因此，做好发菌期管理是取得稳产高产的重要基础。必须把菌袋放在温度为20～25℃、空气相对湿度为65%～75%的条件下发菌。气温低时，菌袋可堆高5～7层；气温高时，可堆高2层或单个摆放。菌袋总体积应掌握在有效空间的20%左右。10天翻一次菌袋，翻袋时应注意把上下层翻到中间，中间的放到上下层，同时要将每个菌袋翻转180°。如菌袋内温度上升到35℃，则要及时翻袋，并同时打开门窗通风散热，以防烧菌。精心管理25～30天即可发好菌丝，发好菌丝的标准：一拍即响，菌丝浓白，手掰成块，大多出现菇蕾。

6.出菇管理

将菌袋两头松开，适量通风，以供给菇蕾新鲜空气，并每天向地面、墙壁、空间喷少量雾状水，空气相对湿度应保持在85%～90%。湿度低时，子实体易干，损失料内水分，影响出菇产量；空气相对湿度过大，子实体易腐烂，喷水时切记不要直接喷洒在子实体上面。随着菇体的生长，要适当加大通风量。

采取以下措施可提高产量：

（1）温差刺激法。在平菇子实体形成阶段，每天给予7～12℃的温差刺激，可促使出菇提早，子实体发育整齐。具体方法：白天盖膜保温，晴天傍晚或早晨揭膜露床，通过降温，加大温差，并结合高温浇水诱导出菇。

（2）覆土出菇。采完头潮菇后，清除老菌皮，脱去塑料袋，把菌袋切成两段，截面朝上放入深40厘米、宽100厘米、长度不限的坑内。菌块间的空隙用营养土填实，用1%复合肥、1%磷酸二氢钾、0.5%尿素、97%水配成营养液浇入菌块通气孔内，并浇透土壤，以存水不渗为宜，然后盖上薄膜和草帘，保温保湿。菌丝恢复生长后，又可长出新菇蕾。采完第二潮菇后，补充营养液和水分，盖薄膜和草帘，还可收3～4潮菇。玉米芯栽平菇生物转化率一般在180%以上。

（四）林下双孢蘑菇栽培技术

1.季节安排

双孢蘑菇播种期以当地昼夜平均气温稳定在20～24℃，35天后下降到15～20℃时为宜。河南北部一般选择在7月下旬进行原料预湿，8月上旬堆料发酵，8月底至9月初播种，9月中下旬覆土，10～12月采收秋菇，经越冬管理后翌年3～5月收获春菇。

2.菌种准备

播种期前2个月配制栽培种，用量一般以每100米²（栽培面积）需要瓶装粪草菌种约310瓶（每瓶容量为75毫升），麦粒种约90瓶，棉籽壳菌种约180瓶。袋装菌种可按菌种质量进行折算。

3.选地建棚

选择地势平坦、水源便利、郁闭度0.8以上的林地，土壤为腐殖土。清理地面，除去杂草，用农药喷洒消毒。沿行间做小拱棚，棚宽2.2米、高1.3米，长度视情况而定。每隔0.5米用竹片起拱，棚外用地膜覆盖。棚中间挖30厘米走道，两边各留85厘米畦面。

4.培养料配制与播种

（1）培养料配方。通常用粪草比为1 ∶ 1的配方。常用配方：稻麦草46%，干猪（牛）粪46%，饼肥3%，生石灰2%，石膏粉、过磷酸钙各1% ～ 2%，氮肥1%（硫酸铵0.2%，尿素0.8%），每平方米可用干料35 ～ 40千克，可根据栽培面积计算出总用料量，再按各原料占总料量的百分比折算出实际用量。

（2）培养料堆制发酵。①预湿。提前2 ～ 3天将草料用石灰水预湿，干猪（牛）粪、饼肥等要打碎混匀、拌湿，覆膜堆闷以杀灭虫卵。②建堆。建长形堆（宽约2米，高约1.5米），一层草料（厚约20厘米）一层粪肥（厚3 ～ 5厘米），压实，四边陡直，堆顶呈龟背形，四周围罩薄膜。为防止氮素流失，饼肥与氮肥混匀后分层撒入料堆中部，顶部及四周不要撒入。③前发酵。共翻堆3次。第一次在建堆后7天，加过磷酸钙，含水量控制在65% ~ 70%，翻堆结束后在料堆四周撒石灰粉。第一次翻堆后6天进行第二次翻堆，加入石膏粉。第二次翻堆后3天进行第三次翻堆，将pH调至8.0左右，含水量约为65%。④后发酵。前发酵的第三次翻堆后再维持2天，当料温升至70℃左右时，选择晴天午后气温较高时段，快速将培养料运入菇畦中，厚度为50 ~ 80厘米，随即覆盖棚膜升温发酵，料温在60 ~ 62℃维持6小时，降温至50 ~ 55℃保持3 ~ 4天，再撤膜降温，在45℃以下时，将料均匀铺入菇畦中，厚度20 ~ 25厘米。优质发酵料应为棕褐色，质地松软，有弹性，草形完整，容易拉断，无酸臭味，无黏滑感，pH 7.5左右。

（3）播种。在料温约28℃时，先将1/2菌种撒入料面，用草叉或手抖动料表层，使菌种落入料深4 ~ 5厘米处，整平料面，再均匀撒入剩余菌种，用少量培养料略微掩盖菌种，然后用木板轻轻按压，使菌种与料贴合，有利于吃料。如果气温低、天气干燥，料面应覆盖一层消毒报纸或薄膜。

5.栽培管理

（1）发菌期管理。发菌期一般需要15 ~ 18天，此期控制料温在22 ~ 28℃，一般不要超过30℃，严防烧菌，空气相对湿度控制在70%左右。随菌丝生长逐渐加强通风换气，在开始2 ~ 3天不通风，3天后少通风，7 ~ 10天后菌丝封面时多通风，菌丝长至料深1/2时可用直径1厘米的木棍在料内打孔以利于通气。发菌期间，不要向料面直接喷水，以免伤害菌丝。

（2）覆土及覆土后管理。①覆土。菌丝长至料深2/3时（14 ~ 18天）覆土最好。覆土过早，会影响菌丝向料内继续生长；覆土过晚，会推迟出菇，影响产量。土质应结构疏松，通气性好；具有团粒结构，持水性强，遇水不黏，失水不板结。在料面均匀覆土，覆土厚度约3厘米，用木板刮平。覆土太厚，易出土内菇、畸形菇；覆土太薄，易出长柄菇、早开伞及薄皮菇。勿拍压，保持自然松紧度。覆土后15 ~ 20天出菇。在此期间菇棚温度应保持在20 ~ 22℃，空气相对湿度保持在80% ~ 85%，吊菌丝及定菇位是该期的管理关键，主要措施是喷水、通风。②吊菌丝。在2 ~ 3天，用pH 7.5 ~ 8.0的石灰水将土层逐渐喷透（少而勤喷，每天约4次），调水结束后加强通风5 ~ 6小时，再闭棚吊菌丝。一般在调水3天后在早晚适当少通风，促使菌丝纵向生长，快速上土。③定菇位。当菌丝长至距表土约1厘米时，应加大通风量，促使菌丝倒伏，使其横向生长，并加粗为线状菌丝，以备在该位置结菇。菇位太高或太低都会严重影响产量及质量。若通风不够，极易发生菌丝冒土。

（3）菇期管理。①秋菇管理。秋菇管理是获得高产优质的关键。当菌丝爬上土层2/3时，开始喷结菇水，总用水量为2.0千克/米^2，分2天喷完，然后保持1～2天大通风，再逐渐减小通风量，表土下1厘米处很快会出现大量米粒状原基。当多数菇蕾长至黄豆粒大小时，需喷保菇水，保菇水量约2.5千克/米^2，在1～2天分多次喷完，停止喷水2天然后随着菇的长大逐渐增加维持水的喷量，喷水时应轻喷、勤喷、喷匀，水雾要细，喷头向上，不能一次喷水量过大。注意通风、换气、保温，防止风直接吹到菇体。此时，菇棚内空气相对湿度应维持在90%左右，温度控制在12～18℃，避免出现大温差。②越冬及春菇管理。秋菇结束后进入冬季管理，挖松板结的土层，清理菇头及老菌丝，通风换气结合喷2%石灰水，使土层保持半干半湿状态。翌年气温回升后进入春菇管理，当温度稳定在10℃以上时，逐步调足土层水分。随着温度升高和出菇量增加，喷水量逐渐增加。由于多潮出菇，培养料中营养物质减少，可适当追肥，常用的肥料有0.1%过磷酸钙、0.3%～0.5%尿素、1%葡萄糖等。

6.采收及间歇期管理

（1）采收标准。子实体生长到一定阶段，在菌盖未开、菌膜尚未破裂时应及时采收。若不及时采收会影响产量、质量及下茬菇的形成。若老熟至产生褐色孢子，菌肉老化，品味差，炒熟后的汤汁发黑。根据销售渠道、用途、加工方式的不同确定采菇的大小。鲜销的双孢蘑菇可略大于加工的双孢蘑菇，一般于菌盖直径达2～4厘米、菌膜未破时采收。

（2）采收方法。采前3潮菇时，菌丝生命力强，采菇后还能长出肥大的菇体，因此要注意保护菌丝体。用大拇指和食指捏住菇盖，轻轻左右旋转，使菇体脱离菌丝，然后拔出。由于产菇后期菌丝体逐渐衰老，失去了形成肥大菇体的能力，采收时一手按住土面，另一手把菇拔起。这样不仅把衰老的菌丝拔去，还起到适当松动的作用，再覆土，有利于促进新菌丝发生。菇体丛生密集发生时，不能单个拔出，这时可用小刀在菇柄处割下，不要伤及周围的小菇。采下的菇体要及时用刀削去菌柄下端的泥土，并将菇柄切平整，及时分级包装好。

（3）间歇期管理。采完一潮菇后，剔除菇根，清净料面，补平孔穴，产菇中后期还要松动板结的土层，喷1%～2%石灰水及适当追肥，7～10天后再现菇潮。

（五）林下竹荪栽培技术

竹荪是一种名贵的食用菌，享有“菌中皇后”之美称。其形态优美，香气浓郁，味道鲜美，营养丰富，所含19种氨基酸占总重量的40%，其中8种为人体必需氨基酸，占总氨基酸的35%，还含有丰富的维生素C、维生素B_1、维生素B_2以及多种微量元素，具有显著的滋补保健作用。

林下套种竹荪，充分利用林间特有的环境，不必搭建荫棚，减少了劳动量。另外，竹荪不能连作，一般种植过的田块要轮种其他作物3年以上才能作为竹荪栽培地，否则产量低，甚至绝收。因此，大田棚栽方式在一定程度上造成了田地资源的浪费，增加了栽培成本。在竹林下套种竹荪，经济效益佳。一是充分利用当地的野草资源，从源头节约了栽培成本，而且野草资源是可再生资源，因而这是一种可持续发展的栽培模式，符合我国现代农业的发展趋势。二是有效解决了当今食用菌生产中存在的菌林矛盾。“草代木”减少了食用菌、药用菌生产中对于木材的需求，也就减少了对森林的砍伐，保护环境。三是竹林内存在的土壤环境，为竹荪的生长提供了大量的营养物质，为生长出优质高产的竹荪奠定了基础。四是竹林内阴凉潮湿，加之适度的郁闭度，为竹荪的生长提供了绝佳的环境，免去了大田栽培搭建荫棚的麻烦，节约了成本。五是利用菌草生态栽培技术栽培的竹荪，可产干品90千克/亩以上，经济效益可观。

1.培养料（菌草）的收集

利用菌草技术栽培竹荪，主要是利用野外丰富的野草资源来栽培竹荪。因此，在竹荪栽培之前，要准备充足的栽培料（主要是菌草），较为普遍的菌草有五节芒、芒萁、类芦等。将收集的菌草自然晾晒后用破碎机破碎，即可作为栽培竹荪的原材料。

2.栽培料配方

食用菌废料1～2吨/亩，经过压碾破碎的菌草4吨/亩，尿素50～60千克/亩，磷酸钙25千克/亩，石膏20千克/亩，麸皮40千克/亩，土壤和培养料pH约为6。

3.林地选择

要求栽培竹荪的竹林地势平缓、阴凉潮湿，郁闭度在0.7以上；土壤质地疏松不易板结，团粒结构好，pH呈酸性。另外，由于竹荪栽培存在严重的连作障碍，因而选取的地块最少3年以上未栽培过竹荪。

4.堆料发酵

将备好的原料拉到已经选好的竹林旁，先让其充分日晒雨淋后，再建堆发酵。建堆时，若栽培料的含水量达不到65%，需喷洒适量清水或0.3%石灰水，调节含水量。然后按照铺一层菌草，一层食用菌废料，再撒上一些尿素和石膏粉的原则，依次堆制，建成长方形料堆。栽培料制堆完成后，露天发酵。如果要加快发酵的速度，提升发酵的效果，也可在制堆完成后，用薄膜将其遮好发酵。当料堆中心温度达到65℃时进行第一次翻堆，共翻3～4次；当料发酵至暗褐色，并无刺激性气味时，即可下地接种（图45）。

图45　林下栽培竹荪

5.整畦接种

（1）旧竹穴播法。选择砍伐2年以上的竹，在其旁边上坡方向挖一个穴位，深20～25厘米，采位用层播法。也可在竹林里从高到低，每隔25～30厘米挖一条小沟，深7～10厘米，沟底垫上少许腐竹或竹鞭，撒上菌种后覆土。

（2）建畦层播法。在竹林地中挖开宽40～50厘米、高15～25厘米的畦。最好沿坡地走向建畦，防止雨季林中积水冲毁畦床。建畦后，一层铺上10～12厘米发酵好的料，接种一层（栽培种以块状播下为好），再铺一层发酵料，再接一层种，重复3次。用脚踏实，覆2～3厘米的碎土层，再盖一层竹叶或稻草、松针。接种后，如果气温较低，最好覆膜保温。15天左右抽样检查一次，若发现块状菌种边缘发黑应立即补种。如果发现菌种被其他杂菌污染，应对栽培料作相应的处理（如喷洒适量的2%石灰水），然后立即补种。

6.水分管理

竹林栽培水分管理极为重要，竹荪不耐旱也不耐渍，穴位排水沟要疏通，干旱时要浇水保湿，湿度以不低于60%为宜。冬季15 ～ 20天、夏季3 ～ 5天浇一次水，浇水不宜过急，防止冲散表面盖的竹叶层。土壤含水量要经常保持在15% ～ 18%（检查方法：抓一把土壤，捏之能成团，放之即松散），发现覆土被水冲变薄，料露面时，要及时补盖覆土。

7.采收加工

为确保竹荪的等级品质，要适时进行采收。利用菌草生态栽培技术种植的竹荪，菌柄粗壮高大，菌裙鲜亮脆嫩。在竹荪烘烤之前，先将竹荪在烤垫上摆放整齐，用小刀将竹荪菌柄底部长有白皮的地方轻轻划开，然后按照低温—高温—低温的原则烘烤，烘烤至七八成干，即可捆扎，而后再放回至烘干为止。最后，将烘干的竹荪室温放置5 ～ 10分钟，适当回潮，以防在装袋时损坏竹荪，降低其等级。

（六）林下灵芝栽培技术

我国栽培灵芝至少有400多年的历史。灵芝在我国浙江、黑龙江、吉林、河北、山东、安徽、江苏、江西、湖南、贵州、福建、广东、广西等省份普遍分布，其中浙江龙泉、安徽、山东泰安一带的灵芝种植规模较为集中。灵芝的子实体由菌盖和菌柄组成，为一年生的木栓质，菌盖呈肾形，半圆形或接近圆形，红褐，红紫或紫色，表面有一层漆样光泽，有环状同心棱纹及辐射状皱纹（图46）。

图46　林下栽培灵芝

1.季节安排

椴木组织致密，一般不外加营养源，发菌时间比代料缓慢，接种时间应比代料栽培提前，一般安排在12月初到翌年1月下旬。这段时期气温低，少雨，接种成活率高，同时经过较长一段时间发菌，菌丝积累养分多，为子实体正常生育提供了物资保证。至清明前后，气温稳定在20℃以上时即可埋土使原基慢慢发生，一年可收获1～2潮芝。

2.生长发育条件

（1）营养。灵芝是木腐性真菌，能把复杂的有机物质分解为自身可以吸收利用的简单营养物质，木屑和一些农作物秸秆，以及棉籽壳、甘蔗渣、玉米芯等都可以作为灵芝栽培料。

（2）温度。灵芝属高温型菌类，菌丝生长温度为15～35℃，适宜温度为25～30℃，子实体原基形成和生长发育的温度为10～32℃，适宜温度为25～28℃，高于30℃中培养的子实体生长较快，个体发育周期短，质地较松，皮壳及色泽较差，低于25℃时子实体生长缓慢，皮壳及色泽也差，低于20℃时，在培养基表面，菌丝易出现黄色，子实体生长也会受到抑制，高于38℃时，菌丝将死亡。

（3）水分。在子实体生长时，需要较高的水分，但不同生长发育阶段对水分要求不同，在菌丝生长阶段要求培养基中的含水量为65%，空气相对湿度为65%～70%，在子实体生长发育阶段，空气相对湿度应控制在85%～95%，若低于60%，2～3天刚刚生长的幼嫩子实体就会由白色变为灰色而死亡。

（4）空气。灵芝属好气性真菌，空气中二氧化碳含量对它生长发育有很大影响，空气中二氧化碳含量增至0.1%时，促进菌柄生长和抑制菌伞生长，当二氧化碳含量达到0.1%～1%时，虽子实体生长，但多形成分枝的鹿角状，当二氧化碳含量超过1%时，子实体发育极不正常，无任何组织分化，不形成皮壳。所以，在生产中，为了避免畸形灵芝的出现，栽培室要经常开门开窗通风换气。

（5）光照。灵芝在生长发育过程中对光照非常敏感，光照对菌丝体生长有抑制作用，当没有光照时，平均每天的生长速度为9.8毫米，在光照度为50勒克斯时为9.7毫米，而当光照度为3 000勒克斯时，则只有4.7毫米，因此强光具有明显抑制菌丝生长作用。

（6）酸碱度。灵芝喜欢在偏酸的环境中生长，要求pH 3 ～ 7.5，pH 4 ～ 6最适。

3.菌种制作

（1）菌种的选择。目前，作为保健品、药品使用的主要是赤芝，其中适合袋料栽培的赤芝品种有泰山灵芝、南韩灵芝、园芝6号等，它们菌盖大、肉厚、色泽正，生长迅速。

（2）栽培时间。灵芝子实体柄原基分化的最低温度为18℃。春栽应在当地气温稳定在26℃时，往前50天左右，接种栽培袋；秋栽应在当地气温稳定在28℃时，往前40天，接种栽培袋。栽培袋接种后要培养50 ～ 55天才能达到生理成熟，随后入畦覆土。

（3）栽培种配方。①杂木屑73%，麸皮25%，糖1%，石膏1%，含水量65%。②棉籽壳50%，木屑28%，麸皮20%，糖1%，石膏1%，含水量65%。

③棉籽壳36%，木屑36%，麸皮26%，糖1%，石膏1%，含水量65%。④棉籽壳80%，米糠15%，黄豆粉3%，糖1%，石膏1%，含水量65%。⑤棉籽壳44%，木屑44%，麸皮10%，糖1%，石膏1%，含水量65%。

（4）灭菌。灭菌彻底与否是栽培灵芝成败的关键。装袋后要及时灭菌，灭菌码袋时要使袋与袋之间留有空隙，高压灭菌要放净冷空气，以免造成灭菌不彻底，常压灭菌待温度升到100℃时维持10～12小时，自然冷却，高压灭菌是当压强达到0.137兆帕时保持15～20小时，自然降压。将灭菌的培养料出锅送入接种室冷却，待冷却到30℃以下便可接种。

（5）发菌管理。在灵芝栽培中，培养强壮的菌丝体是获得高产的保证，将接了种的菌袋转入培养室，横放于发菌架上，如果室温超过28℃和料温超过30℃，需通过增加通风降温次数，使温度稳定在25～28℃。此外，室内保持黑暗，因为强光会严重抑制灵芝菌丝的生长，当两端菌丝向料内生长到6厘米以上时，可将扎口绳剪下，以促进发菌和菌蕾形成，从接种到长出菌蕾一般需要25天左右。

4.出芝管理

目前，灵芝生产中主要有菌墙式和地畦式两种（地畦式和椴木栽培方法相似）。菌墙栽培法具有投料多、占地少、空间利用率高、管理集中、温湿度好控制等优点，灵芝袋养菌满袋后，按90～100厘米为一行摆好，高为6～7层，南北行，开始打眼开口，开口以1角硬币大小为适。开口后马上封严大棚，此时温度控制在27～30℃，增加湿度，地面上有明水，光线以散射光线为宜，确保每个草帘都有散射光下射为好，也就是“三分阳七分阴，花花太阳射得进”。2～3天后，空气相对湿度为85%～90%，通风逐渐增大，温度为27～30℃，出芝时温度一直保持在27～30℃，从开口到放孢子粉确保一直有明水，从形成叶片到放孢子粉需要20天左右。

5.灵芝孢子粉收集

以采收孢子粉为目的的栽培最好采用瓶栽的方式。选用透气性较好的50克新闻纸（大小为39厘米×27厘米），制作方法分以下4步进行。

（1）先将边长为39厘米的一边留出2厘米用以涂抹胶水，然后对折成18.5厘米粘合成高27厘米、周长37厘米的圆筒。

（2）将筒高在中线处对折，然后选任意一端再向中线对折，得1/4即6.75厘米作袋底。

（3）将所得的1/4的两边边线向圆筒内折，并使两条线分别与内线对齐，得圆筒底部的平面，另两等边长，各为5厘米。

（4）将任意一等边向底边中线对折并超过中线1厘米，将底部的封闭部分粘上胶水，然后把另一边也向中线超过1厘米对折压实，折成高20厘米、周长37厘米、底部全封闭的长筒，即完成食品袋的制作。也可选用与纸袋大小相同，厚0.000 4厘米的聚丙烯折角袋，每平方厘米用12号针头扎孔20个以上备用。

套袋前排去积水降低湿度，同时用清洁的毛巾将套袋的灵芝周围擦干净，然后套上袋子至灵芝的最低部，套袋务须适时，做到子实体成熟一个套一个，分期分批进行。若套袋过早，菌盖生长圈尚未消失，以后继续生长与袋壁粘在一起或向袋外生长，造成局部菌管分化困难，影响产孢，若套袋过迟则孢子释放后随气流飘失，影响产量。一般每一万袋需陆续套袋10 ~ 15天。

套袋后管理：①保湿。灵芝孢子发生后仍需要较高的相对湿度，以满足子实体后期生长发育的条件，促使多产孢。室内常喷水，必要时可灌水，空气相对湿度达90%。②通气。灵芝子实体成熟后，呼吸作用逐渐减少，但套袋后局部二氧化碳浓度也会增加，因此仍需要保持室内空气清新。一般套袋半个月后子实体释放孢子可占总量的60%以上。

根据“早套袋早采收，晚套袋晚采收”的原则，套袋后20天就可采收，采集后的孢子粉摊在垫有清洁光滑白纸的竹匾内，放在避风的烈日下暴晒2天，用厚0.000 4厘米的聚乙烯袋密封保存。

6.灵芝采收后干制

在正常情况下，从原基出现到菌盖成熟需要20天左右，当菌盖充分展开，释放大量孢子，边缘白色消失，增厚不明显，菌盖颜色赤红（红芝），色泽均匀，这时即可采收。

采收后的子实体应及时切去菌柄基部黏附的培养料，在太阳光下晒干，或置于烤房内烘干，温度控制在55 ~ 65℃，烘至灵芝含水量12%左右。新鲜灵芝的含水量通常为63%，折干率一般为40% ~ 45%。晒干或烘干的灵芝装入双层袋（一层塑料袋，一层编织袋），置于干燥的仓库内保存，并随时检查，防霉、防蛀。

图书在版编目（CIP）数据

林菌共生技术 / 胡冬南，张林平主编．—北京：中国农业出版社，2020.5

（农业生态实用技术丛书）

ISBN 978-7-109-24798-7

Ⅰ．①林…　Ⅱ．①胡…　②张…　Ⅲ．①食用菌-蔬菜园艺　Ⅳ．①S646

中国版本图书馆CIP数据核字（2018）第249788号

中国农业出版社出版

地址：北京市朝阳区麦子店街18号楼

邮编：100125

责任编辑：张德君　李　晶　司雪飞　　文字编辑：丁晓六

版式设计：韩小丽　　责任校对：范　琳

印刷：北京通州皇家印刷厂

版次：2020年5月第1版

印次：2020年5月北京第1次印刷

发行：新华书店北京发行所

开本：880mm×1230mm　1/32

印张：4.75

字数：95千字

定价：38.00元
